U0966020

翟昌伟　朱长征　主编

烹饪原料初加工技术

中等职业教育旅游服务类专业教材
ZHONGDENG ZHIYE JIAOYU LÜYOU FUWULEI ZHUANYE JIAOCAI

本书编写委员会

主　编　翟昌伟　朱长征
副主编　钱　峰　任　俊　吴　晶
编　委　张　涛　高敬严

中国轻工业出版社

图书在版编目（CIP）数据

烹饪原料初加工技术/翟昌伟，朱长征主编．—北京：中国轻工业出版社，2025．9

中等职业教育旅游服务类专业教材

ISBN 978-7-5019-8748-1

Ⅰ．①烹…　Ⅱ．①翟…　②朱…　Ⅲ．①烹饪－原料－加工－中等专业学校－教材　Ⅳ．①TS972.111

中国版本图书馆CIP数据核字（2012）第059868号

责任编辑：史祖福　　责任终审：劳国强　　整体设计：锋尚设计
策划编辑：史祖福　　责任校对：杨　琳　　责任监印：张　可

出版发行：中国轻工业出版社（北京鲁谷东街5号，邮编：100040）
印　　刷：三河市万龙印装有限公司
经　　销：各地新华书店
版　　次：2025年9月第1版第10次印刷
开　　本：787×1092　1/16　印张：6.5
字　　数：150千字
书　　号：ISBN 978-7-5019-8748-1　定价：23.00元
邮购电话：010－85119873
发行电话：010－85119832　010－85119912
网　　址：http://www.chlip.com.cn
Email：club@chlip.com.cn

251526J3C110ZBW

序

在我国“十一五”渐行渐远的脚步声中，我们迎来了期盼已久的“十二五”。过去的“十一五”，我国的中等职业教育取得了极其辉煌的成就，其中，中等职业教育的教材改革与建设起到了举足轻重的作用。中国轻工业出版社秉承优良的传统理念，在积极推进我国中等职业教育的改革中，不遗余力，尽自己之所能鼎力支持我国中等职业教育的改革事业。为此，中国轻工业出版社在国家有关职业教育部门的指导下，特组织国内众多中等职业学校的顶尖烹饪专业教师，在全面总结“十一五”中等烹饪专业教材改革经验的基础上，存优汰劣，取长补短，大胆取舍，重新编写出版中等职业教育烹饪专业“十二五”规划系列教材，为我国中等职业教育的烹饪专业教学改革发挥引领作用，同时为“十二五”中等职业教育烹饪专业教学提供一套全新的、具有时代精神的、符合我国职业教育特色的专业教材。

本套教材在编写过程中，我们按照《教育部关于推进中等职业教育教学改革创新全面提高人才培养质量的意见（征求意见稿）》中规定的培养目标和要求，对编写内容进行了认真负责的探讨和论证，在突出中等职业教育特征的基础上，尽可能地吸收烹饪科学教学体系与我国餐饮业发展的最新研究成果和信息。但毕竟由于编写者理解能力与知识结构有限，加之我国烹饪技术体系南北有所差异，书中肯定存在这样或那样的问题，而书中的许多内容还有待进一步提炼与完善。

本套教材在编写过程中，各书作者参考、引用了国内外许多同类教材和相关的著作，其书目已分别列在各单本教材之后，在此谨向所参考、引用的各书的著作者表示衷心的感谢。同时，本教材在编写过程中得到了各参编学校领导、教师、专家们的大力支持，更有中国轻工业出版社领导与编辑人员的积极工作以及给予编写人员的大力支持和鼓励，在此一并表示衷心的感谢。

赵建民

前言

近年来，随着我国社会经济的发展，国家对中等职业教育越来越重视。2005年，国务院在北京召开了全国职业教育工作会议，提出了“大力发展中国特色的职业教育，以服务社会现代化建设为宗旨，培养数以亿计的高素质劳动者和数以千万计的高技能专业人才，努力实现我国职业教育发展新跨越。”2010年，国务院审议通过了《国家中长期教育改革和发展规划纲要（2010—2020）》，这对中等职业教育来说，是新的机遇和挑战，国家对职业教育的发展需求空前高涨，为职业教育提供了更多的政策支持和保障，这对中等职业教育的发展具有极其重要的意义。

随着社会的发展，餐饮行业的队伍在迅速壮大，社会餐饮业发展迅速，数以千万的餐饮企业需要越来越多的技术人才，烹饪专业的人才需求已出现供不应求的局面。因此，烹饪专业人才培养的市场越来越大，而中职烹饪专业的人才培养在餐饮行业从业人员中，占到整个人员的一半以上。因此，结合餐饮行业的特点及烹饪人才的需要，根据国家对中职教育的发展意见，在提高教学质量和改进教学方法方面，不断推进教学改革，尽快地为社会培养更多更好的烹饪人才，我们在借鉴以往教学经验的基础上，组织有关人员编写了这本教材。

《烹饪原料初加工技术》是中职烹饪专业的专业课教材之一，旨在提高学生对各种原料加工技术上的认识和掌握，提高对原料的加工水平。《烹饪原料初加工技术》所讲授的内容，是烹饪专业不可缺少的重要组成部分，全书从不同原料的初加工技术入手，到干货原料的涨发以及烹饪中对配菜的要求，进行了详细的综述。对初学者来说，由易到难、由简到繁、循序渐进、逐步掌握，是学生全面了解和掌握各种原料加工技巧的好方法，为学生的就业和实际操作打下良好的基础。

本书由江苏省徐州技师学院翟昌伟、河南省郑州市商业技师学院朱长征担任主编，江苏省徐州技师学院钱峰、江苏省溧阳市职业技术学校任俊和无锡旅游商贸高等职业技术学校吴晶担任副主编。此外，河南长垣烹饪职业技术学院高敬严和张涛参与了编写工作。全书由翟昌伟统稿。

本书在编写过程中，得到了江苏省徐州技师学院、河南省郑州商业技师学院、江苏省溧阳市职业技术学校、河南长垣烹饪职业技术学院、无锡旅游商贸高等职业技术学校相关领导的大力支持，在此表示衷心的感谢。

由于编者水平有限，缺点遗漏在所难免，书中缺点、不妥之处，恳请专家、同行及广大读者批评指正。

编者

目录

项目一 刀工与原料成形

学习目标
1. 掌握刀具的种类及使用方法，了解刀工的作用与要求
2. 掌握磨刀技术、基本刀法与操作，原料的成形与规格等方面的知识
3. 掌握原料成形与烹调方法的内在联系

学习重点
1. 刀工、刀法的意义与要求
2. 各种刀工工具的认识、保养与使用
3. 各种刀法的操作要领、适应原料及烹调方法

案例导入 在烹饪行业中，以前师傅带徒弟都是以言传身教的方式进行，有些老师傅到了晚年后，身体骨骼都发生了一些变形，如驼背、弓腰、抖肩等，特别是在案子上工作的师傅更加明显。这种状况直到后来有了一系列正规的烹饪教育机构，才得以解决。

案例思考 在刀工操作的过程中，一定要按照刀工操作规则和技术要领来严格要求自己，否则你的刀工技术是难以达到一定水平的，更有甚者，还有可能出现本案例当中所提到的各种身体变化，一旦身体出现变化，那将对你的工作和生活带来极大的不便和痛苦。

任务1 刀工的要求和种类

任务驱动

1. 刀工的概念
2. 刀工的基本要求和作用
3. 常用刀具的种类及用途
4. 磨刀的工具与方法
5. 菜墩的种类及使用保养

知识链接

一、刀工的概念及要求

1. 刀工的概念

我国的菜肴历来讲究色、香、味、形、器、质、养、洁、意，而其中的形、质和意与刀工有着极为密切的关系。

种类繁多、性质各异的烹调原料，经过初步加工处理以后，便于烹调和食用。绝大多数在正式烹调之前都必须经过刀工处理，有少数原料虽能直接烹调，却又不便于食用。要想既便于烹调又方便食用，就必须经过刀工处理。此外，随着烹饪技艺的发展，人们饮食观念的改变和消费水平的提高，人们在用餐过程中，不仅要满足物质享受的需要，而且要满足精神享受即美的享受需要，这就对刀工技术提出了更高的要求。刀工已不单纯局限于改变原料的形状和食用需要，更要注意原料形状和菜肴成品的美化，使制成的菜肴不仅滋味可口，而且形象美观，赏心悦目，以达到以欣赏促食欲的目的。由此可见，刀工是整体烹调技术中不可缺少的重要组成部分，也是整个烹调过程中的重要工序之一。

几千年来，我国劳动人民，特别是从事烹调工作的技术人员通过不断实践，总结、创新出很多精巧的刀工技术，积累了丰富的宝贵经验，使我国烹调技术中的刀工，不仅具有精湛的技术性，而且具有较高的艺术性。

刀工是根据烹调和食用的具体要求，采用相适应的刀具和刀法，将经过初步加工和整理的烹饪原料加工成一定立体形状的操作过程。

2. 刀工的基本要求

（1）操作姿势正确、规范　在刀工操作过程中，动作必须自然、优美、规范。用刀的基本方法一般是以拇指与食指捏住刀箍部位（刀柄与刀膛的连接部位），全手握住刀柄，手心要空，握刀时手腕要灵活而有力，一般用小臂和手腕的力量。控制原料的手，随刀的起落而均匀地向后移动。刀的起落高度，一般刀刃不能超过控手中指的第一骨节。总之，控手持物要稳，持刀手落刀要准，两手的配合要紧密而有节奏。

刀工是比较细致而且劳动强度较大的手工操作，除了平时注意锻炼身体，保证健康的体格，有较耐久的臂力和腕力，还要有正确的刀工操作姿势。刀工的基本操作姿势，主要从既能方便操作，有利于提高工作效率，又能减少疲劳，有利于身体健康等方面来考虑。正确的操作姿势，一般情况下，操作时应两脚自然分立站稳，上身略向前倾，前胸稍挺，不要弯腰曲背，精神集中，目光注视菜墩上两手操作的部位，身体与菜墩应保持一定的距离，菜墩放置的高度应以方便操作为准。

（2）密切配合烹调方法　刀工一般情况下是与配菜同时进行的，也就是边切边配，可以说刀工是烹调前的最后一道工序。原料成形是否符合要求，直接影响着菜肴的质量。如炒、爆、汆等烹调方法，所采用的火力强、加热时间短，成品要求脆嫩或滑爽，就要注意将原料加工得薄小一些，过分厚大就不易成熟。反之，如果是烧、炖、煮、煨等烹调方法，采用中、小火，加热时间较长，成品要求酥烂、入味，原料形状就要厚大一些，如果原料的形状过分薄小，就容易碎烂甚至成糊状，既影响质量和美观，也影响食用。所以，刀工要密切配合烹调，适应烹调的需要。

（3）刀法运用恰当，力求整齐、均匀、利落　在刀工操作过程中，各种刀法必须运用恰当，同时还要掌握好各种刀法的操作要领。由于原料有脆、韧、松、软、硬、有骨和无骨等区别，刀工处理过程中所采用的刀法也应有所不同。一般情况下，脆性原料采用直刀法中的直切加工，韧性原料采用推切、拉切或锯切加工，硬的或带骨的原料采用剁的刀法加工。

经过刀工处理的各种原料，必须整齐划一，大小、粗细、厚薄均匀，没有连刀现象，否则不但会影响成品的美观，而且还会造成成熟度不一致。刀工要达到整齐、均匀、利落，除了加强基本训练外，还必须注意：①刀刃无缺口，随时保持锋利。②墩面要平整，切忌凹凸不平。③运刀用力要均匀，切勿前重后轻，先用力后松劲。

（4）合理用料　合理使用原料，是整个烹调工艺流程中的一条重要原则，刀工过程中更应遵循。主要应掌握计划用料，合理搭配，大材大用，小材小用，落刀成材，以达到物尽其用。特别是将大料改小时，落刀要心中有数，务必使各档原料都能得到充分利用。

（5）符合卫生要求　在刀工操作过程中，从原料的选择，到工具、用具的使用，都要做到清洁卫生，生熟原料要分墩、分刀进行，做到不污染、不串味，确保所加工的原料清洁与卫生。

二、刀工的作用

刀工不仅能改变和决定原料的形状，而且对菜肴制成后的诸多方面都起着重要的作用。

1. 便于成熟

烹饪原料品种繁多，形态、质地各异，烹调方法多样，制作特点各不相同。刀工要因料而宜，因烹调方法而决定所加工原料的形状。大形整只的原料只有通过刀工处理，才能形成整齐划一的较薄小的形状，才能便于成熟，并能保证各种原料成熟度的一致，较好地突出菜肴的风味特色。

2. 便于入味

许多烹饪原料，如不经过刀工的处理，烹调时调味品的滋味就不容易渗透到原料内部。只有通过刀工处理，将原料由大改小，由厚改薄或在原料表面剖上一定深度的刀纹，调味品才可能迅速渗入原料内部，使其成品口味均匀、一致。

3. 便于食用

中餐取食历来就有“横竖入口”的说法，中餐的取食工具主要是筷子或汤匙，因此，形状过大的原料食用起来是不方便的。如整头的猪、牛、羊，整只的鸡、鸭、鹅等，不经刀工处理而直接烹调，食用时就很不方便，而经过去皮、剔骨、分档、切、片、剁、剖等刀工处理后再烹调，或烹调后再经刀工处理，食用时就方便多了。

4. 整齐美观

刀工能把各种不同形状的原料加工得整齐美观，各种原料形状规格一致，整齐划一，长短相等，粗细厚薄均匀，看上去清爽、利落，外形美观，诱人食欲。至于花色菜肴，更显出刀工的作用。所谓“欣赏出食欲”，就是赞美刀工美化原料形态的技艺。如在某些原料表面划上一些不同深度的刀纹，经加热后，就能形成各种不同的美丽的花色形态，或将原料切割成各种动、植物形态，如花草、飞鸟、鱼虫等，从而使菜肴的形态更加美观。

三、刀具的种类及用途

中餐烹调所使用的原料种类繁多、性质各异，有的带骨、有的带筋，有的韧性较强、有的质地脆嫩。另外中餐烹调所使用的烹调方法多样，有的需小火长时间加热，有的需旺火速成。只有了解和掌握好各种类型刀具的不同性质和用途，才能根据原料的不同性质和不同的烹调方法选用相应的刀具。将不同性质的原料加工成整齐、美观、均匀一致，适应于烹调要求的形状。

刀具的种类繁多，较为常见常用的有切刀、片刀、砍刀、尖刀、烤鸭片刀、整鱼出骨刀、羊肉片刀、馅刀、剪刀、镊子刀、刮刀、雕刻刀等。

1. 切刀（前切后斩刀）

刀身略宽，长短适中，应用范围较广，既能用于切、片、剁等加工片、条、丝、丁、末、块、蓉泥等原料形状，又能用于加工略带碎小骨或质地较硬的原料，应用较为普遍（图1-1）。

2. 片刀

特点是重量较轻，刀身较窄而薄、钢质纯，刀口锋利，使用灵活方便。主要用途是加工片、条、丝等原料形状（图1-2）。

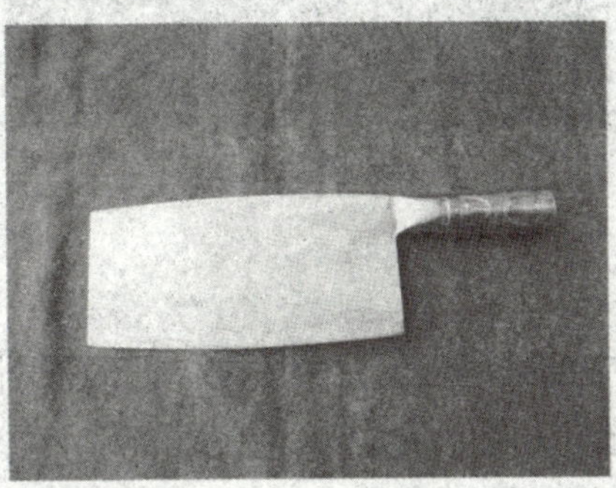

图1-1 切刀

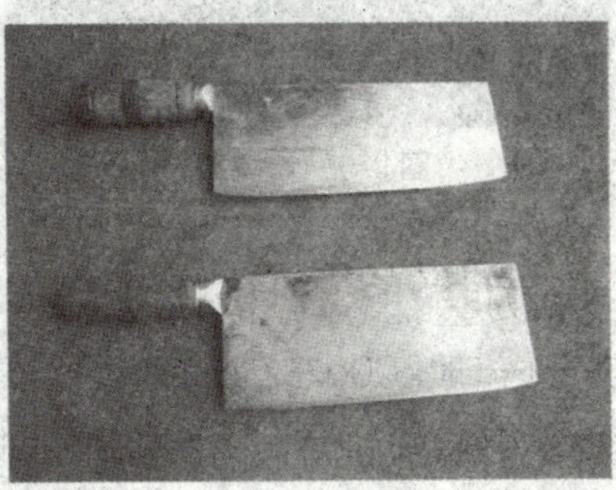

图1-2 片刀

3. 砍刀

刀身比切刀长而宽、重，刀背呈拱形，目前行业内也有使用一种外形似板斧的砍刀。主要加工带骨或质地坚硬的原料，如砍猪头、鸡、鸭、鹅、排骨等，是一种专用刀具（图1-3）。

4. 尖刀

刀形前尖后宽，基本呈三角形，重量较轻。多用于剖鱼和剔骨，还有一种刀刃略长的尖刀，在西餐制作中使用较多（图1-4）。

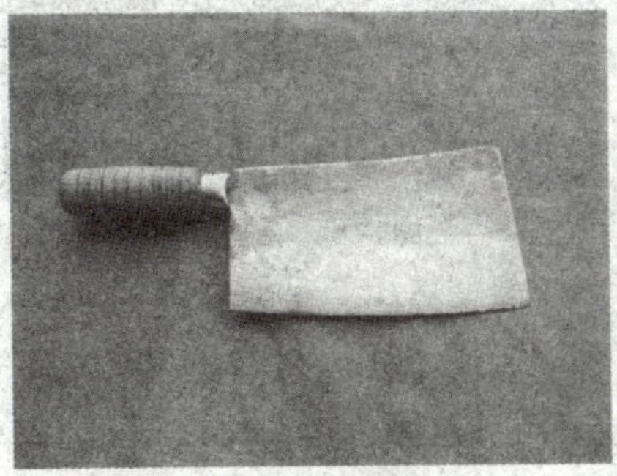

图1-3 砍刀

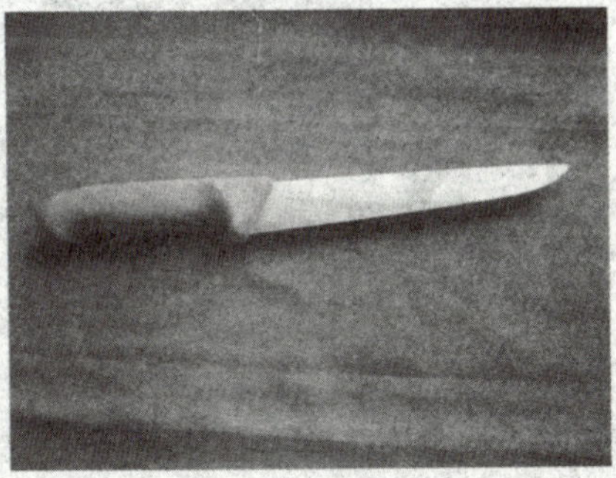

图1-4 尖刀

5. 烤鸭片刀（也称小片刀）

形状和片刀基本相似，区别在于刀身比片刀略窄而短，重量轻，刀刃锋利。专用于片熟烤鸭肉（图1–5）。

6. 剪刀（剪子）

多用于加工整理鱼、虾类原料，如剪须和鱼鳍等（图1–6）。

图1–5 烤鸭刀

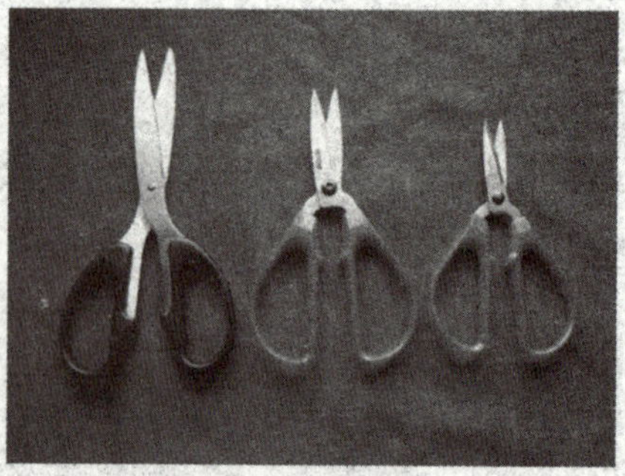

图1–6 剪刀

7. 羊肉片刀

重量较轻，一般500g左右。特点是刀刃中部呈弓形。刀身较薄、刀口锋利，是切涮羊肉片的专用刀具。目前行业内多使用电动刨刀（图1–7）。

8. 镊子刀

刀身长约20cm，前半部分是刀，呈三角形；后半部分是镊子，也是刀柄部分。主要用于对原料的初步加工，刀可用于割、剖、刮等，镊子部分专供摘毛（图1–8）。

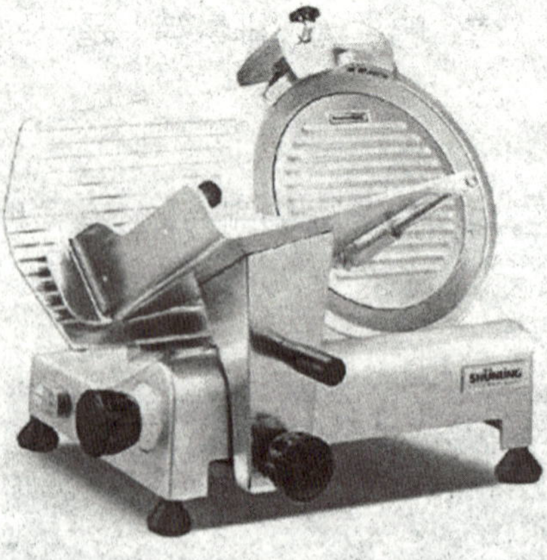

图1–7 羊肉片电动刨刀

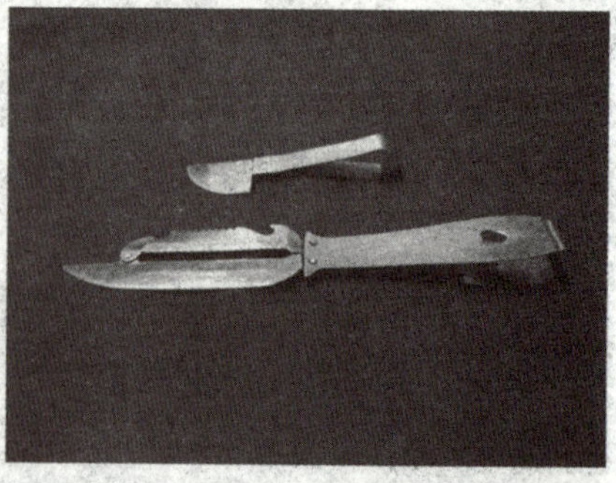

图1–8 镊子刀

9. 刮刀

体形较小，刀刃不甚锋利。多用于刮去菜板上的污物，另外还有专用于鲜鱼除鳞、植物性原料去皮的专用刮刀（图1–9）。

10. 雕刻刀

用于食品雕刻的专用工具。种类很多，多由用者自行设计制作（图1-10）。

11. 整鱼出骨刀

刀身长约35cm，宽约2cm，刀头前部较锋利，是整鱼出骨的专用刀（图1-11）。

图1-9 刮刀

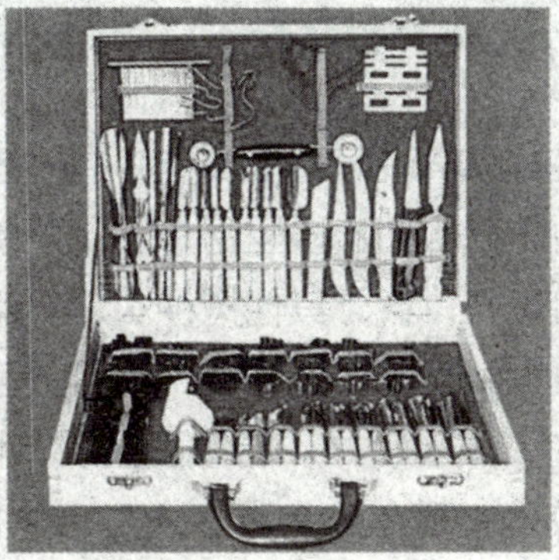
图1-10 雕刻刀

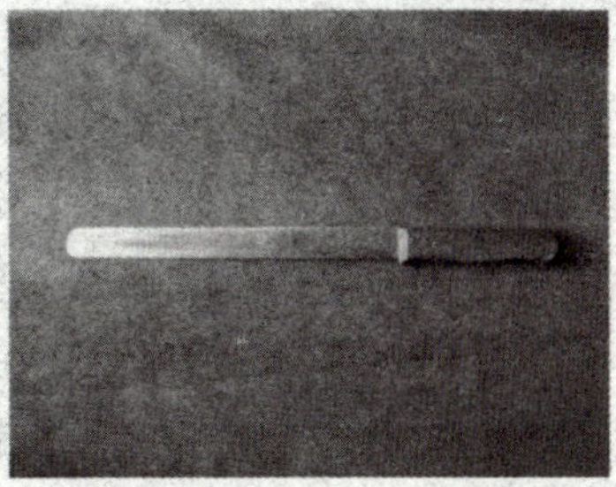
图1-11 整鱼出骨刀

四、磨刀技术

1. 磨刀的工具

磨刀有专用的磨刀石，常用的磨刀石总体上有粗磨刀石、细磨刀石两种。再细分有天然雕凿磨石和人工合成磨石之分。

（1）天然雕凿磨石　天然雕凿磨石是由天然黄沙石料或天然青石石料雕凿而成。天然黄沙石料雕凿的磨石，俗称粗石，其主要成分是黄沙，质地松而粗，但沙石坚硬，多用于新刀开刃，或将有缺口的刀刃磨平。天然青石石料雕凿的磨石，俗称细石、青石，其主要成分是青沙石，青沙石颗粒细腻，质地坚实，易将开过刃的刀磨快且不伤刀刃，应用较多。

（2）人工合成磨石　人工合成磨石俗称油石。油石大小一般有固定尺寸，可根据需要灵活选购。油石为金刚砂人工合成，质地坚硬，一般分为上下两面，即粗面和细面，使用方便。磨刀时，一般是先在粗面将刀磨出锋口，再在细面上将刀磨快。这样两者结合，既能缩短磨刀时间，又能提高刀刃锋利程度。

2. 磨刀方法

磨刀前先要把刀面上的油污擦洗干净，再把磨刀石安放平稳，以前面略低，后面略高为宜，磨刀石旁边放一碗清水。磨刀时，两脚自然分开或一前一后站稳。胸部略微前倾，一手持刀柄一手按住刀面的前段，刀口向外，平放在磨刀石面上，然后在刀面或磨刀石面上淋水，将刀面紧贴磨刀石，后部略翘起，前推后拉。用力要均匀，视石面起沙浆时再淋水，将沙浆冲掉，刀的两面及前中后部位都要轮流均匀磨到。两面磨的次数及力度基本相等，只有这样才能保持刀刃平直、锋利。磨完后洗净擦干刀面，然后将刀刃朝上，放在眼前观察，如果刀刃上看不见白色的光亮，表明刀已磨好。也可将刀刃轻轻放在菜墩上，以刀自身重量前推或后拉，如有涩的感觉，即表明刀口锋利，反之，还要继续磨。

五、菜墩的种类、使用与保养

菜墩又称砧墩、剁墩，是对原料进行刀工操作时的衬垫工具。

由于银杏树、橄榄树、榆树和柳树木质坚密，所以菜墩最好选用这些树的材料来做，其中银杏树和橄榄树是上等的菜墩材料，其他树种次之。用于制墩的材料要求皮壳完整，树心不空、不烂、不结疤。墩的截面应微呈青色，而且颜色均匀无花斑。具备这些条件，说明是锯下不久的材料制成的，质量较好。若墩面呈灰暗色或有斑点，说明树锯下后隔了较长时间才制成的，质量较差。现在还有许多人工合成材料和竹质及拼箍的菜墩，质量也较好，轻便耐用。

新购买的菜墩可在盐卤中浸泡或不时地用水和盐涂淋表面，使菜墩的木质收缩而更为结实、耐用。在使用过程中，应经常转动墩面，使墩的表面各处都能均匀用到，尽量延缓墩面凹凸不平现象的产生。如果出现凹凸不平时，可随时用铁刨轻轻刨除凸起部分，或用刀砍平，以保持墩面的平滑。每次使用完毕后应将墩面擦干净，一天工作结束后更应将墩面刮净、刷净晾干，用洁布或墩罩罩好。切忌在太阳下曝晒，以防干裂。

任务2 刀　法

任务驱动

1. 刀法的概念
2. 刀法在烹饪中的作用
3. 刀法的种类及要求

知识链接

一、刀法的概念

刀法是使用刀具的各种方法，也就是将烹饪原料加工成一定形状时所采用的各种不同的运刀技法。

各种刀法能否熟练运用，是体现刀工技术好坏的主要标准，只有熟练地掌握和运用各种刀法，才能使刀工达到准、快、巧、精、美的要求。刀法是我国烹调师在长期的实践中根据原料的性能、形态以及烹调的具体要求逐步探索积累而成的。随着烹调技术水平的不断发展和提高，刀法也将不断改进。通过学习，不但要求正确地掌握和运用各种刀法，而且要求在技能熟练的基础上不断丰富其内容和提高技术水平。

二、刀法在烹饪中的作用

1. 形象性

各种不同的刀法，可以创作出千姿百态、生动形象的各种形态，如丁、丝、条、片、块、玉兔、蝴蝶、秋叶等，就是通过不同的刀法，使烹饪原料改形，通过不同的烹调方法制熟入味，从而体现出中国烹饪的形与意。

2. 艺术性

刀法本身就是一门艺术，运用不同的刀法，将极普通的原料加以修饰，呈现在食客面前的实际上是一幅幅珍贵的菜肴艺术品，特别是花色拼盘、食品雕刻等，所以“刀法实际上是技术与艺术的结晶”。

三、刀法的种类及要求

刀法的种类很多，各地的刀法名称和操作要求虽有差异，但基本方法和要求是一致的。操作时，根据刀刃与菜墩或原料接触的角度，可以把刀法分为直刀法、平刀法、斜刀法、剞刀法、其他刀法五类。常用的具体刀法有切、片（批）、剁、剞等。

（一）直刀法

直刀法是指刀刃与菜墩或原料接触成直角的一类刀法。主要包括切、剁、砍等。

1. 切

切一般用于无骨的原料。操作要领是将刀对准原料，由上而下垂直切下去，由于无骨的原料也有老、嫩、脆、韧的区别，故在切时又有许多不同手法。根据刀的运行方向和力度大小，主要有以下几种具体切法：

（1）直切（又称跳切） 这种方法一般用于加工脆性原料，如萝卜、莴苣、黄瓜等。要领是左手按稳原料，右手持刀，一刀一刀垂直地切下去（图1-12）。

图1-12 直切

直切的具体要求：

① 左右两手必须协调配合。切时左手手指自然弯曲呈蟹爪状按稳原料，中指第一关节抵住刀身，随刀的运行，手指自然向后移动；右手执刀以左手向后移动的距离为标准，将刀紧贴着左手中指指背下切。左手向后移动的距离是否均匀，是决定原料大小、厚薄均匀与否的关键，因此，必须注意随时做左手向后移动的练习。

② 右手持刀向左边移动边切，这种移动乃是一种连续而有节奏的间歇运动，即移动一点，切一刀，再移动一点，再切一刀，每次移动的距离不能忽宽忽窄，那样会造成原料形状不整齐，不均匀。

③ 下刀应垂直，刀刃不能向内或向外偏斜。

（2）推切 一般用于比较薄小的原料，这些原料如用直切刀法容易破碎散裂。推切的操作方法是，刀刃垂直向下，由里向外推动下去，着力点在刀的后端。一刀推到底不再拉回来。切猪肉

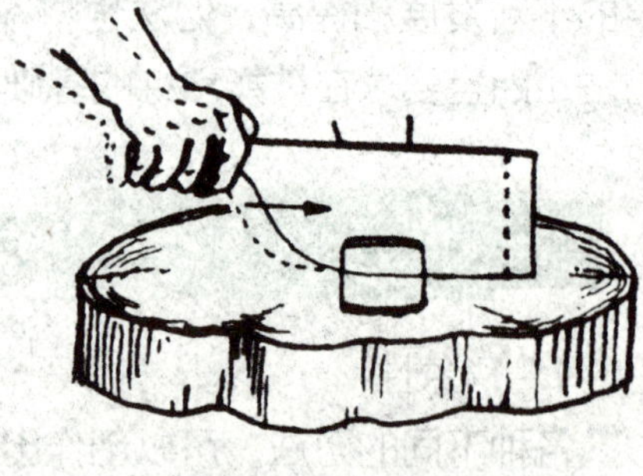

图1-13 推切

丝、熟肥肉、百叶等都适宜用推切法（图1-13）。

（3）拉切　这种刀法一般用于切质地略带韧性的原料。拉切的操作方法是刀刃垂直向下，由外向里拉，刀的着力点在前端。例如切肉片，往往称拉肉片。有时拉切与剁结合运用，先直剁再向里拉切，也叫剁拉切，如切鸡丝等（图1-14）。

（4）锯切（又称推拉切）　适用于切质地松散的原料。例如切涮羊肉、回锅肉、火腿、面包等。锯切的操作方法是先将刀向前推，然后再向后拉，这样一推一拉，像拉锯一样切下去（图1-15）。

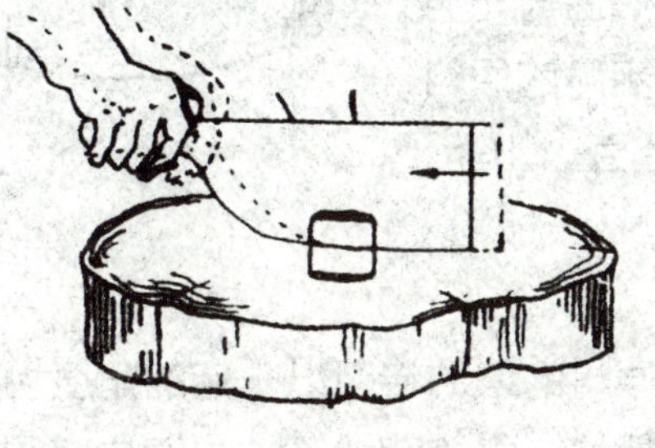
图1-14　拉切

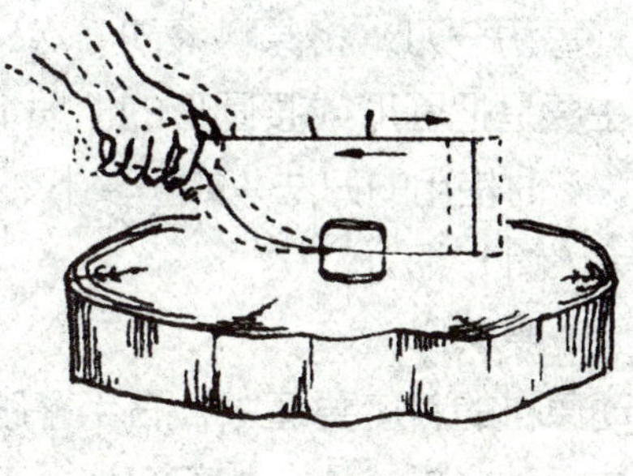
图1-15　锯切

锯切的具体要求：

① 落刀要直，不能偏里或偏外。如果落刀不直，不仅切下来的原料形状厚薄不一，而且还会影响到以后的落刀部位。

② 落刀不能过快，用力也不能过重，应先轻轻锯拉数下，待刀切入原料一半或三分之二时，再用力切下去。

③ 锯切时左手要按稳原料，一刀未切完时手不能移动，因刀要前推后拉，若移动，落刀就会失去依据。

（5）铡切　铡切有两种切法：一种是切时右手握住刀柄，并使刀柄高于刀的前端，左手按住刀背前端使之着墩，并将刀刃的前部按在原料上，然后对准要切的部位用力向下压切一不去；另一种是右手握住刀柄，将刀放在原料要切的部位，左手握住刀背前端，两手交替用力压切下去。还有一种类似铡切的方法，右手握住刀柄，将刀刃放在原料要切的部位上，左手掌用力猛击刀背，使刀切下去（图1-16）。

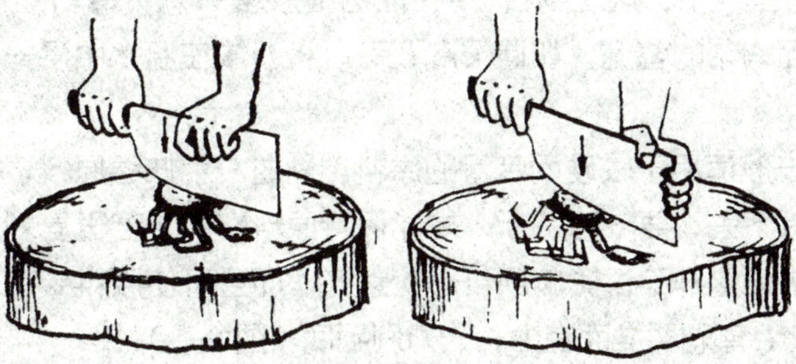
图1-16　铡切

铡切刀法通常适用于带壳的或体小形圆易滑，以及略带较小骨头的原料，如切螃蟹、烧鸡、盐水鸭、带壳的蛋类等。

铡切的具体要求：

前一种切法，要将刀对准要切的部位，并且不使原料移动，压切时动作要快，做到干净利落，一刀切好，以保持原料整齐，并且不使原料内部的汁液滋出。后一种切法除上述要求外，还要求两手用力均匀。

（6）滚切　滚切是在刀的运行中将原料滚动，所以也叫滚料切。每切一刀，将原料滚动一次，然后再切再滚动。滚切主要是把圆形或腰圆形的、质地爽脆的原料切成“滚料块”时使用的刀法，如切萝卜、土豆、山药、胡萝卜、笋等（图1-17）。

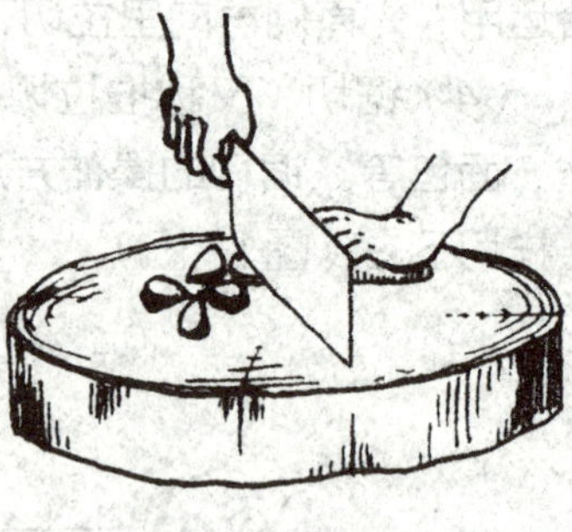

图1-17　滚切

滚切的具体要求：

左手滚动原料的斜度要适中，右手紧跟原料的滚动将刀以一定的角度切下去。这种刀法可以切成多种多样的块，如剪刀块、瓦楞块、木梳背块等。关键是在切同一种块形时刀的角度应基本保持一致，这样才能使切下来的原料大小划一。

以上是切的几种方法。如果要真正熟练地运用这些方法，平时就要刻苦练习。练习的方法很多，如在不使用原料的情况下，可用左手按在墩上，和持物姿势一样，左手中指指背抵住刀膛，右手持刀，随着左手的后移，一刀一刀切下去，也可在墩面上垫上纸条，观察刀距离是否均匀。此外，在切原料时，还要根据原料的性质、纤维纹路而采取顺切、横切、斜切等不同的切法。例如，牛肉的纤维较粗，采用顺丝切，就不易烹调出软嫩酥烂的菜肴，如果与纤维纹路成直角横切，就可把纤维及韧带切断，烹制成熟后就不觉老硬了。

2. 剁

剁是将无骨的原料制成蓉泥状的一种刀法。主要用于制馅和丸子等。剁有单刀剁和双刀剁两种。为了提高工作效率，通常左右两手各持一刀同时操作，这种剁法也叫排剁，而单刀剁也叫做直剁。

（1）排剁　一般适用于将无骨软性的原料加工成蓉泥状，两刀之间要间隔一定的距离。操作时两刀一上一下，从左到右、从右到左地反复排剁，每剁一遍要翻动一次原料，直至原料剁成细而均匀的蓉泥。如遇天冷，可以将刀放在温水中浸一浸再剁，以免粘刀（图1-18）。

（2）直剁　一般适用于较硬而带骨的原料。剁时左手扶稳原料，右手将刀对准要剁的部位，用力直剁下去，要一刀剁断，才能保持原料整齐，若再复剁第二刀，就很难照原来的刀口剁下去，这样不仅影响原料形状整齐，而且可使原料带有一些碎肉碎骨，影响菜肴质量。因此，直剁要准而有力，一刀剁到底（图1-19）。

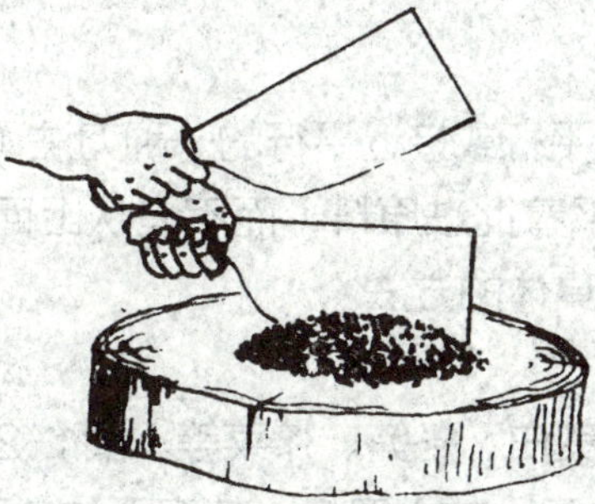

图1-18 排剁

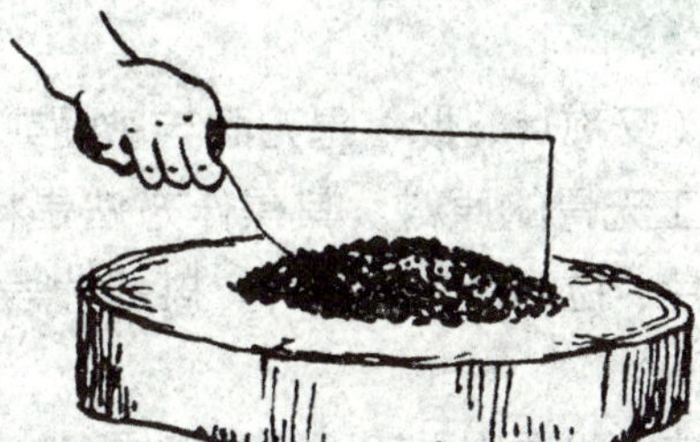

图1-19 直剁

3. 砍

砍通常用于加工带骨的或者质地坚硬的原料。砍的操作方法是右手紧握刀柄，对准要砍的部位，用力砍下去。砍有直砍、跟刀砍、开片砍等几种。

（1）直砍 将刀对准原料要砍的部位用力向下直砍。一般多用于带骨的动物性原料（图1-20）。

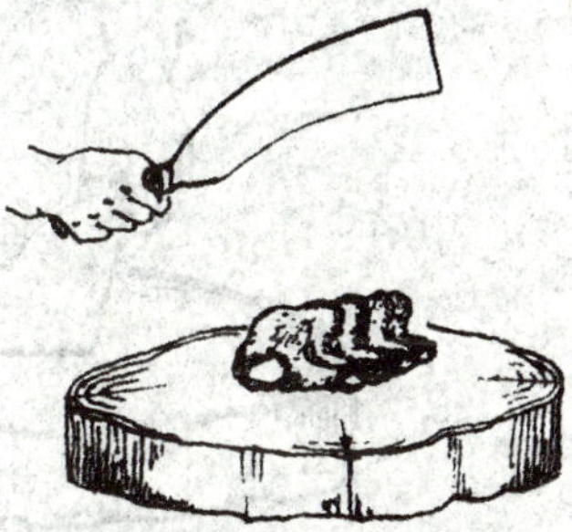

图1-20 直砍

直砍的具体要求：

① 要用臂膀的力，这与要用腕力的切不同，用的力要比切大。

② 原料要放平稳，左手持料应离落刀点远一些，以防砍伤。

③ 砍时要把刀柄握紧，最好一刀砍断。

（2）跟刀砍 凡一刀砍不断，须连砍数刀方能砍断的，叫跟刀砍（图1-21）。

跟刀砍的具体方法：对准原料要砍的部位先直砍一刀，将刀嵌进原料要砍的部位，然后左手扶稳原料，随着右手上下起落直至砍断原料。跟刀砍时，刀必须稳稳地嵌在原料上，不能使其脱落，否则容易发生砍空或伤手等事故。

（3）开片砍 这种砍法一般适用于大型整只的动物性原料，如猪、羊等。砍时将整只猪、羊后腿分开吊起来，先用刀在背部，从尾至头将肉割至骨头，然后顺脊骨开片砍到底，使其分为两半（图1-22）。

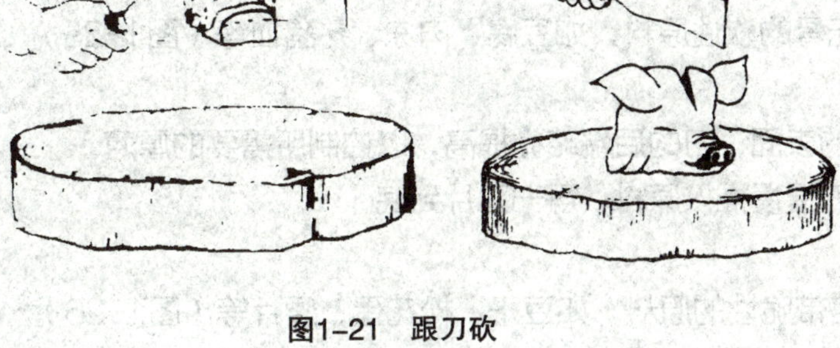

图1-21 跟刀砍

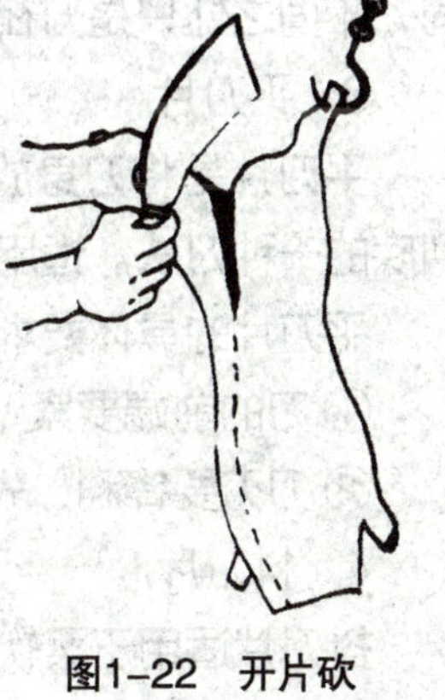

图1-22 开片砍

（二）平刀法

平刀法（又称片、批）是刀面与墩面或原料平行或接近平行的一种刀法（图1-23），一般用于加工无骨的原料。其操作方法是将刀平着批进原料，而不是从上而下地切入。可分为推刀片、拉刀片、平刀片、抖刀片等几种具体的方法。

1. 推刀片

这种片法一般适用于加工较脆的原料。如片茭白、冬笋、榨菜等（图1-24）。

推刀片的操作方法：左手按稳原料，右手执刀，放平刀身，使刀面与墩面或原料接近平行。然后由里向外将刀刃推入原料。

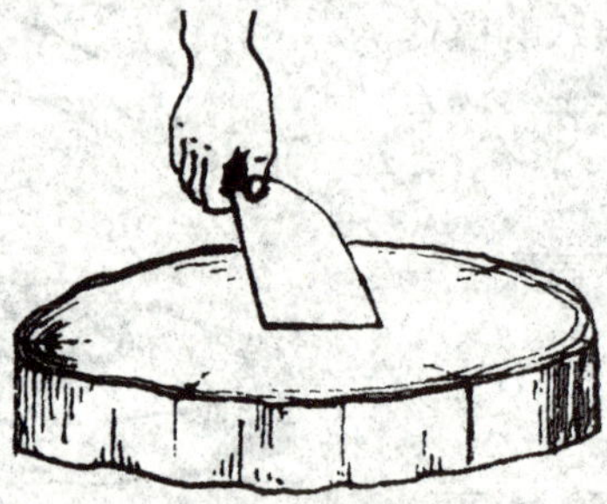

图1-23 平刀法

图1-24 推刀片

推刀片的具体要求：

① 按原料的左手不能按得太重，以使原料在片时不致移动为度，随着刀刃的推进，左手手指可稍翘起。

② 按住原料的左手，其食指与中指应分开一些，以便观察原料的厚薄是否符合要求。

2. 拉刀片

这种片法一般适用于略带韧性的原料，如片各种肉片等。

拉刀片的操作方法：左手按稳原料，右手执刀，放平刀身，使刀面与墩面或原料接近平行，刀刃片进原料后不是向外推，而是向里拉进去。拉刀片的要求基本与推刀片相同，不同之处只是刀在片进原料后的运动方向与前者相反。

3. 平刀片

平刀片是将刀身放平，使刀面与墩面或原料几乎完全平行，沿刀刃所指方向一刀片到底的一种刀法。适用于无骨的软性原料，如豆腐、肉冻、熟猪血等（图1-25）。

平刀片的具体要求：

① 刀的前端要紧贴墩的表面，刀的后端略微提高，以控制所需要的厚薄。

② 刀刃要锋利，先将刀慢慢推入原料，再一刀片到底。

4. 抖刀片

抖刀片适用于柔软而略带脆性的原料，如豆干、松花蛋、腰片等（图1-26）。

抖刀片的方法是左手按稳原料，右手执刀，刀刃吃进原料后将刀前后移动，同时上下均匀抖动，使刀在原料内呈波浪式地推进，直至抖片到底。抖刀片的作用是美化原料的形状（图1-26）。

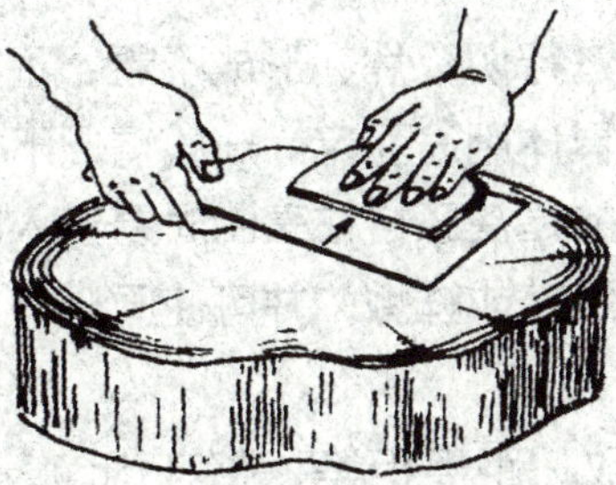

图1-25　平刀片

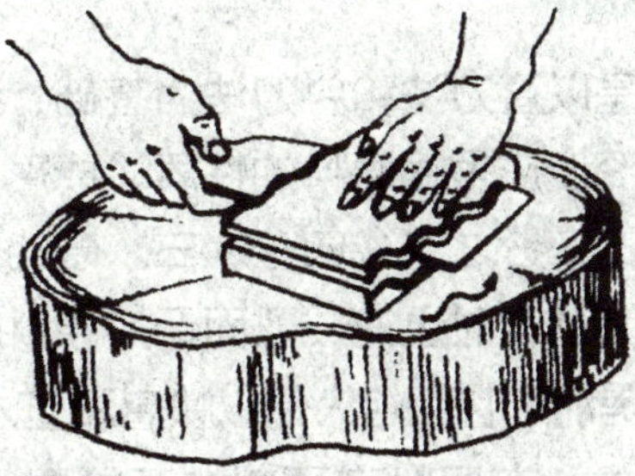

图1-26　抖刀片

（三）斜刀法

斜刀法是刀面与墩面或原料接触形成斜角的一种刀法。具体方法主要有斜刀片和反刀片两种（图1-27）。

1. 斜刀片

斜刀片一般适用于质软、脆性或韧性而体形较小的无骨原料，如片各种肉片、腰片、鱼片、肚片和片白菜等都可以采用。斜刀片的操作方法是：用左手手指按稳原料左端，右手持刀，刀面呈倾斜状，片时刀背高于刀口，使刀刃以原料表面靠近左手的部位向左下方运动，斜着片入原料。这样片成的片或块形成斜面，面积就较横断面略大一些。此种片法也称磨刀片，加工成的原料形状就叫磨刀片（图1-28）。

2. 反刀片

这种片法一般适用于脆性的原料，如脆肚等。

反刀片的操作方法：刀背向里，刀刃向外，刀身微呈倾斜状，刀吃进原料后由里向外运动（图1-29）。

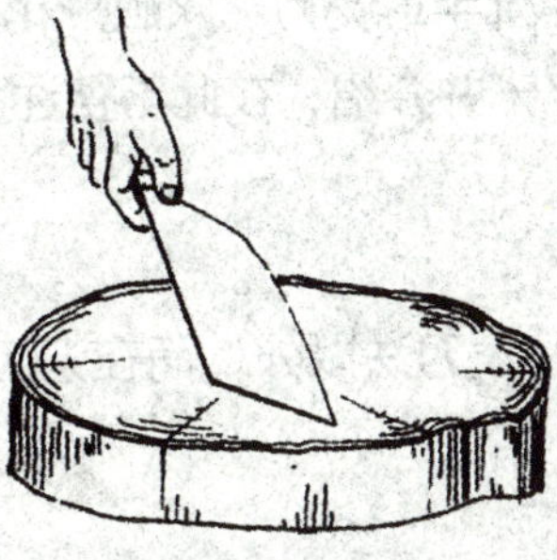

图1-27　斜刀法

图1-28　斜刀片

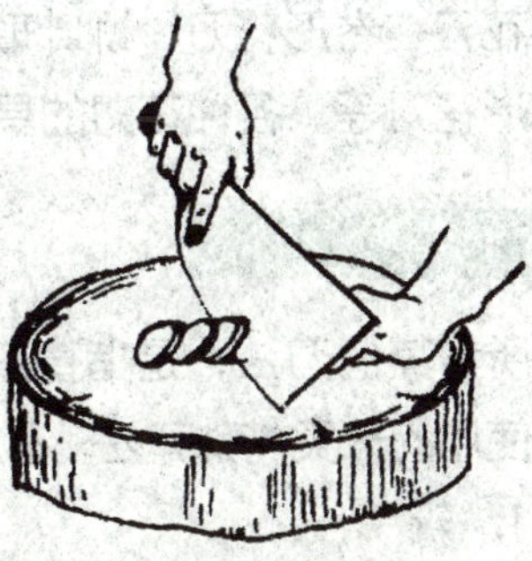

图1-29　反刀片

反刀片的要求是：左手按稳原料，右手持刀，并以左手中指上部的关节抵住刀身，使刀紧贴着左手中指的关节片进原料，左手向后移动时其间隔应基本相同，以使片下来的原料大小厚薄一致。

（四）剞刀法

剞刀法是以直刀法和斜刀法为基础，对原料进行切、片，形成不断、不穿的规则刀纹，刀纹的深度应根据原料的性质、成形要求及具体用途而定。一般情况下，进刀深度为原料厚度的三分之二或四分之三。剞的主要目的是使原料在烹制时易于入味，可以在用旺火短时间烹调时迅速成熟而保持原料的质地脆爽或鲜嫩，并可使原料在加热后形成各种不同的美丽形状，给人们以快感和艺术享受。

剞的要求：在原料表面剞的刀纹要深浅一致，距离相等，整齐均匀，互相对称。在具体操作过程中，由于原料成形要求和剞的次数不同，可分为一般剞法和综合剞法两大类。

1. 一般剞法

一般剞法也称为单一剞法，就是只采用一种剞法即可达到原料成形的要求。在具体操作过程中，由于运刀方向和角度的不同，常用的一般剞法主要有以下几种：

（1）直刀剞　具体操作与直刀切相似，只是不将原料切断而已。

（2）推刀剞　具体操作与推刀切相似，只是不将原料推切断开而已。

（3）拉刀剞　具体操作与拉刀切相似，只是不将原料拉切断开。

（4）斜刀剞　也称为抹刀剞，具体操作与斜刀片相似，只是不将原料片断。

（5）反刀剞　属于斜刀法中的一种，操作时刀刃向外，刀背向内，具体方法与反刀片相似，只是不将原料片断。

2. 综合剞法

各种剞刀法，除了单独加工原料使其成形，还经常综合运用，同时加工一种原料形状，也就是直刀法和斜刀法综合运用，在行业中称为混合刀法，也称刀工美化或花刀。

所谓刀工美化，就是使用混合刀法，在原料表面剞一些有相当深度的刀纹，经过加热，使之卷曲成各种不同的美丽形状。原料经过加工美化后，根据成形状态不同，花刀可分为多种，常用的主要有：麦穗形花刀、荔枝形花刀、梳子形花刀、蓑衣形花刀、菊花形花刀、卷形花刀、柳叶形花刀、球形花刀、蜈蚣形花刀、佛手形花刀、网眼形花刀、百叶形花刀等。各种花刀的具体操作，后面结合原料形态美化一并介绍，在此不赘述。

（五）其他刀法

所谓其他刀法，是指直刀法、平刀法、斜刀法、制刀法几类刀法以外，而在刀工中又有使用的一类特殊刀法。较为常用的有以下几种：

1. 斩

斩一般用于加工畜、禽等肉类带筋的原料。操作时，刀尖接触原料，将筋斩断，而保持原料的整形，以增加原料的松嫩感。

2. 剔

剔一般用于去骨、分档取料等。操作时，刀路要灵活，下刀要准确，随部位不同交叉使用刀尖、刀跟，分档正确，取料要完整，剔骨要干净。

3. 剖

剖是指用刀将整形原料破开的刀法。如鸡、鸭、鱼等取内脏时，先用刀将腹部剖开。此刀法要根据烹调需要灵活掌握好下刀部位和刀口的大小。

4. 刮

刮是用刀将原料表皮杂质或污垢清除掉的一种刀法。操作时，刀身垂直、刀刃接触实物，横着运刀。如刮鱼鳞、刮菜墩表面污垢等。

5. 削

削是指用刀平着去掉原料表面一层或加工成一定形状的一种刀法。如莴苣、黄瓜、鲜笋等原料去皮，某些原料外形加工等。

6. 剜

剜是指用刀具挖空原料内部或原料表面处理的一种刀法。如剜去苹果、梨核，剜去山药、土豆等原料低于表面的斑点等。

7. 旋

旋是指用刀将某些原料表面的一层取下。可分为手上操作和墩上操作两种。手上操作是将原料拿在手中，刀刃进入原料表面，旋转原料，刀随旋转进入原料。墩上操作又称旋刀批，是将原料放在墩面上，刀刃朝左、刀贴墩面进入原料表层，使原料向后滚动，刀随着行进，把原料表层旋下来。如酸辣黄瓜皮一菜，黄瓜皮的加工就是采用旋的刀法加工而成的。

8. 砸

砸是指用刀背将原料加工成蓉泥状的一种辅助刀法。砸多是配合剁的刀法加工原料，这样能使原料形状更细腻或平整。

9. 拍

拍是指用刀身拍破或拍松原料的一种刀法。操作时，将刀身平着拍向原料，使原料破裂或松散。如蒜泥拌黄瓜和糖拌小萝卜就是先用刀身将黄瓜和小红萝卜拍松，再另改刀或直接使用的。

任务3 原料的成形与要求

任务驱动

原料成形的基本形状和要求

知识链接

采用不同的刀法并经过刀工处理后，原料就形成了既便于烹调，又方便食用的各种形状。常见的烹调原料经刀工处理后的基本形状主要有块、片、条、丝、丁、粒、末、段、蓉泥等。

一、块

块是采用切、砍、剁等刀法加工成的。凡质地较为松软、脆嫩，或者是质地虽较坚硬，但去骨去皮后可以切断的原料，一般可采用切的刀法成块。例如，蔬菜类可以用直切的刀法，已去皮去骨的各种肉类可以用推切或拉切的刀法。原料松软而易散的，可采用锯切的刀法。凡原料质地较为坚硬而且有皮带骨的，则可用砍或剁的方法成块。因为用来加工成块的原料，先要加工成段、条状，块形的大小是否适宜和均匀，除了熟练地运用各种刀法外，还取决于成段、条状原料的宽窄、厚薄是否一致。这就要求先把原料加工成为宽窄厚薄一致的段、条。

块的种类很多，常用的有菱形块、大小方块、长方块、排骨块、劈柴块、大小滚料块等。

1. 菱形块（也叫象眼块）

菱形块的加工方法是先将原料切成厚大片，再按边长规格将其改成长条，最后斜切成菱形块。其规格为长对角线约3.3cm，短对角线约2cm，厚约1.5cm。

2. 大小方块

大小方块一般指厚薄均匀、长短相等的块形。边长约3.3cm以上的称为大方块，约3.3cm以下的称为小方块。用切或剁等刀法加工而成。

3. 长方块（又称骨牌块）

长方块的形状如骨牌，一般厚约为0.8cm，宽约为1.6cm，长约为3.3cm。

4. 排骨块

排骨块原是指切成约3.3cm长的猪软肋骨而言的，类似形状的块就称为排骨块。

5. 劈柴块（又称柴把块）

劈柴块的加工方法是先用刀将原料顺长切为两半，再用刀身一拍，切成条形的块，其长短厚薄不一，因形似劈柴，故得名。多用于冬笋或茭白等原料，如油焖茭白等。另外，凉拌黄瓜也有用劈柴块的。

6. 大小滚料块

这是用滚刀切的方法加工而成。一般用于圆形植物性原料，如黄瓜、土豆、山药、胡萝卜等。加工时必须先在原料的一头斜着切一刀，再将原料向里滚动，再切一刀，这样连续地切下去，切出来的块为大滚料块，滚动幅度小，即为小滚料块，也叫梳子背。块形大小的选择，主要根据烹调的需要而定。

二、片

片有多种成形的方法，某些质地较硬的脆性原料可以采用切的方法，其中植物性原料多可采用直切；韧性原料可采用推切、拉切或锯切等；薄而扁平的原料可采用片的刀法。片有多种多样的大小、厚薄和形状，常用的有：柳叶片、象眼片、月牙片、薄片、厚片、夹刀片、磨刀片等。

1. 柳叶片

这种片薄而窄长，形状像柳树的叶子。一般用切或削的刀法加工而成。

2. 象眼片

这也叫菱形片，形似象眼，一般用切、片等刀法制成。

3. 月牙片

月牙片是先将圆形或近似圆形的原料切为两半，再顶刀切成半圆形的片即成。

4. 夹刀片

凡一端切开成为两片，另一端连在一起的片，叫做夹刀片。即用切的刀法，一刀不断一刀切断。

5. 磨刀片

这是用斜刀片的刀法加工而成的片。因片时将原料平放在墩上，用刀自左到右像磨刀一样，一刀一刀地片下去，故称磨刀片。

以上各种片均有厚薄之分，习惯上把厚度0.2cm以内的片叫薄片，0.5cm以上的片叫厚片。从烹调的要求来看，一般氽汤用的片要薄一些；用于滑炒的要稍厚一些；某些易碎烂的原料，例如鱼片、豆腐片等，要厚一些，质地坚硬而带有韧性或脆性的原料，如鸡片，猪、牛、羊肉片，笋片等，则可稍薄一些。

切片时应注意以下几点：

① 持刀平稳，用力轻重一致。

② 左手按原料要稳，不轻不重。

③ 在片的过程中要随时保持墩面干净，刀要随时擦干。

三、丝

切丝时先要把原料加工成片形，然后再切成丝。

切时要将片排成瓦楞形或整齐地堆叠起来，前法适用于大部分的原料，效果也较好，后法因堆叠得高，切到最后手扶不住，容易倒塌。另外，某些片形较大、较薄的原料，如青菜叶，鸡蛋皮等，可先将其卷成筒状，然后再顶刀切成丝。丝有粗丝、细丝和银针丝之分。性质韧而坚的原料，可以加工得细一些。丝的粗细主要决定于片的厚薄，丝要细首先片要薄。因此在切片时，就应考虑到丝的粗细而加工成适宜的厚度。丝的长度一般以5cm左右为宜。

切丝时要注意以下几点：

① 加工片时要注意厚薄均匀，切丝时要切得长短一致，粗细均匀。

② 原料加工成片后，不论采取哪种排列法都要排叠得整齐且不能叠得过高。

③ 左手按稳原料，切时原料不可滑动，这样才能使切出来的丝粗细一致。

④ 根据原料的性质决定顺切、横切或斜切。例如牛肉纤维较长且肌肉韧带较多，应当横切；猪肉比牛肉嫩，筋较细，应当斜切或顺切，使两根纤维交叉搭牢而不易断碎；鸡肉、猪里脊肉等质地很嫩，必须顺切，否则烹调时易碎。

四、条

条的成形方法是先把原料批成厚片再切成条，其粗细取决于片的厚薄，大小取决于片的长短。条有粗细之分，粗条一般是长为4~6cm，宽厚各1.5cm；细条长4~6cm，宽厚各1cm。

五、丁、粒、末

这些都是在条的基础上继续加工而制成的，其具体加工办法是：

1. 丁

丁是大于粒、末的小块，其大小视烹调的要求和原料的情况而定。丁的成形一般是将原料切或片成厚片，再将片切成条，然后再顶刀切成丁。丁的种类很多，常用的有骰子丁、豌豆丁等。丁的大小不同，一般大丁是2cm见方，小丁是1cm见方，碎丁是0.5cm见方。

2. 粒

粒较丁小一些，大的有如绿豆粒，小的和小米粒相仿，成形方法基本上与丁相同，粒的大小主要决定于丝或条的粗细。

3. 末

末的大小略小于小米粒，将丁或粒再切小或剁碎即可，也可先将原料切或批成片，再切成细丝、然后顶刀切成末。

六、蓉泥

蓉泥是采用排剁的方法制做的，其质量要求是：将原料剁得极细，形成蓉泥状，剁蓉泥的原料一般有鸡、虾、鱼、肉等。在制蓉泥之前，先要将原料的骨、筋、皮等去掉，剁制鸡、鱼、虾等蓉泥还需要适当搭配一点猪肥膘，以增加蓉泥的黏性。其比例是，鸡蓉约放三分之一，肉、鱼、虾蓉等约放三分之二。

七、段

一般用剁或切的刀法制成，每一种的具体要求，根据原料的性质和烹调的需要而定。

八、剞刀法成形的形状

各种剞刀法，除了单独一种刀法加工原料使其成形外，还经常综合运用两种或两种以上的刀法，同时加工一种原料形状，也就是刀工美化或花刀。原料美化成形的名称，是根据原料的象形而命名的，故也称为象形块。常见的主要有以下几种：

1. 麦穗形

麦穗形是先用斜刀法在原料表面剖上一条条平行的斜刀纹，再将原料转一个角度，用直刀法剖上一条条与斜刀纹相交叉的平行直刀纹，然后改刀成条状，加热后就卷曲成麦穗形状（图1-30）。如麦穗腰子、麦穗鱿鱼等。

图1-30　麦穗形花刀

2. 荔枝形

荔枝形制法与麦穗花刀相同，只是剞刀后将原料改刀成象眼块，加热后即卷曲成荔枝形状（图1-31）。

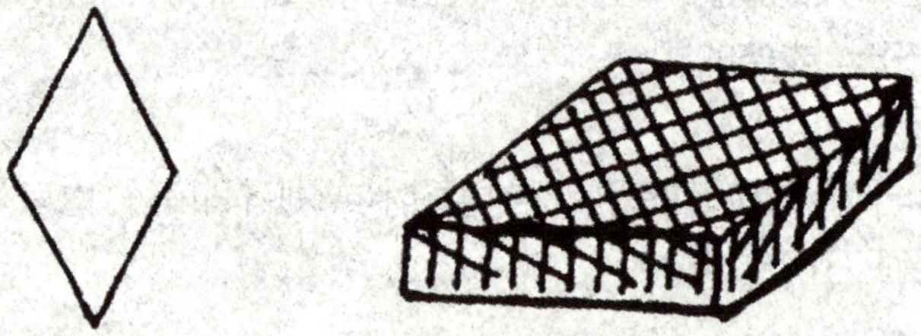

图1-31 荔枝形花刀

3. 梳子形

梳子形刀法先用直刀在原料表面剖出均匀直刀纹，再把原料横过来切成片，烹熟后像梳子形状（图1-32）。这种刀法多用于质地较脆、硬的原料，如梳形萝卜等。

4. 蓑衣形

这种刀法在原料的一面如麦穗花刀那样剞一遍，再把原料翻过来，用推刀法剞一遍，其刀纹与正面斜十字刀纹呈交叉纹，两面的刀纹深度约为原料厚度的五分之四，再将原料改刀成3cm见方的块。经过这样加工的原料，提起来两面通孔，呈蓑衣状（图1-33）。

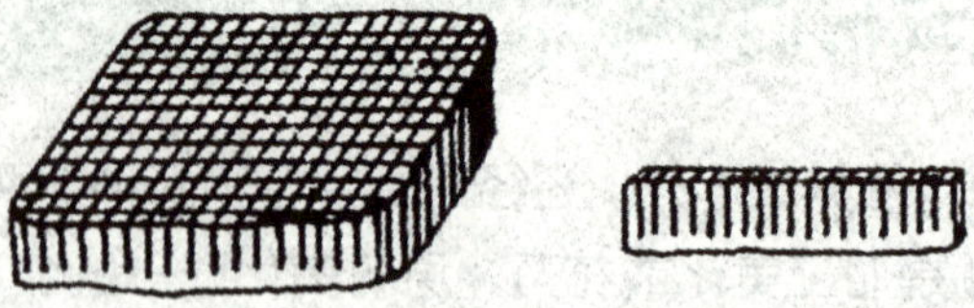

图1-32 梳子形花刀

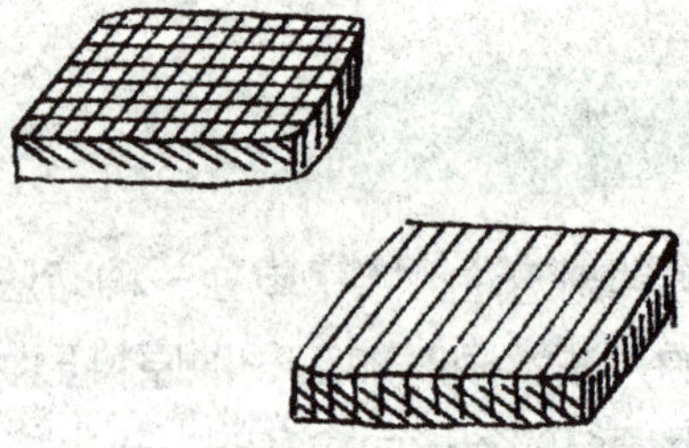

图1-33 蓑衣形花刀

5. 菊花形

这是先将原料的一端切成一条条平行的薄片（但不切到底），深度约为原料厚度五分之四，另一端五分之一连着不断，然后再转90°角垂直向下切，使原料厚度的五分之四呈丝条状，厚度的五分之一仍然相连而成块状，加热后即卷曲成菊花状（图1-34）。

6. 卷形

将原料的一面剖上十字花刀，其深度为原料厚度的三分之二，然后改成长方块，加热后成卷形。（图1-35）这种刀法一般使用于脆性原料，如鱿鱼、乌鱼等。

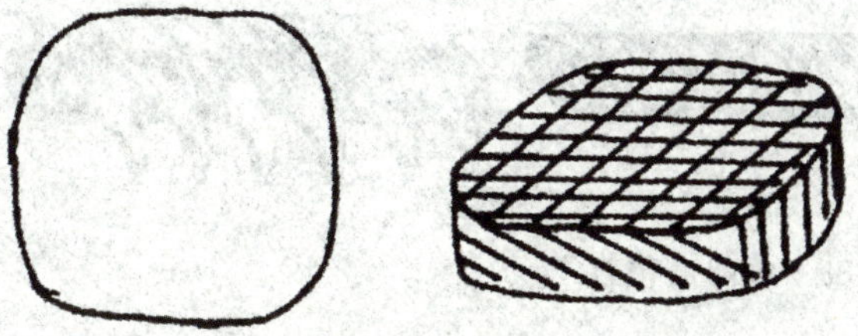

图1-34 菊花形花刀

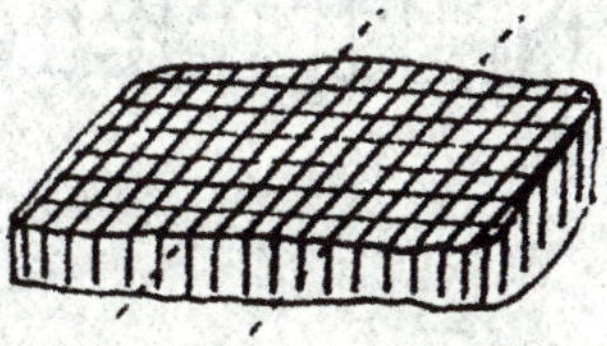

图1-35 卷形花刀

7. 柳叶形

这种刀法一般用于剞鱼，先在全身中央，从头至尾顺长剞一刀纹，并以这一刀纹为中线在两边斜顺着剞上距离相等的刀纹，即成柳树叶状（图1-36）。

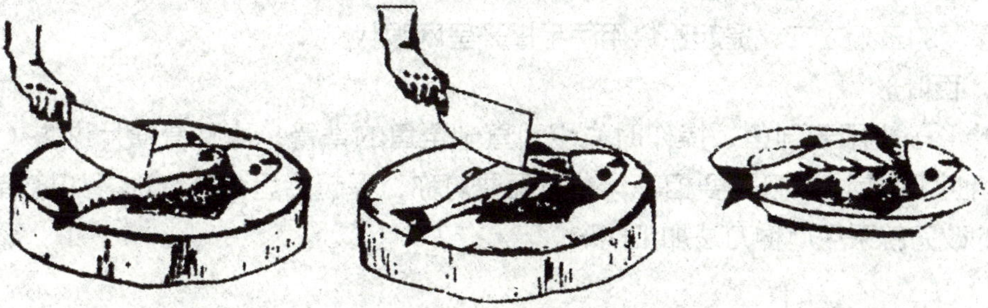

图1-36 柳叶形花刀

8. 球形

将原料切或片成厚片，再在原料的一面剞上十字花刀，刀距要密一些，深度为原料的三分之二，然后改成正方块或圆块，加热后即卷曲成球状。此种刀法一般适用于脆性或韧性的动物原料（图1-37）。

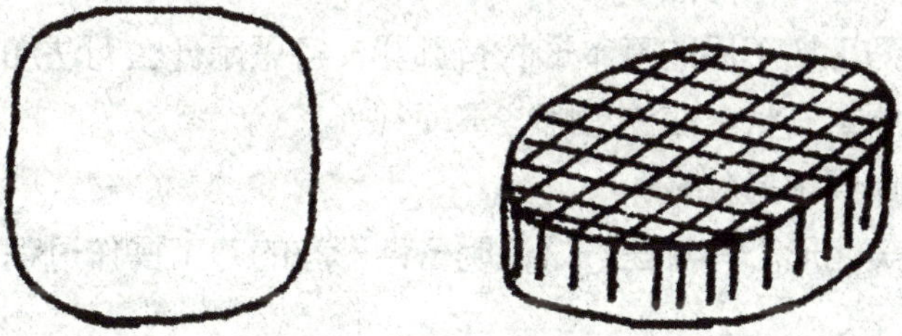

图1-37 球形花刀

9. 蜈蚣形

常以猪黄管为原料，先将猪黄管洗净，放入水锅中煮透，捞出撕去油筋，用筷子翻过来，放入汤锅汆透捞出晾凉。将黄管横放墩上，用直刀法每隔4cm横剖一刀，深至原料二分之一，而后每隔一格对角斜剞一刀，将剖开的刀纹向两边展开后即为蜈蚣形（图1-38）。

图1-38 蜈蚣形花刀

10. 佛手形

先将原料加工成椭圆或长方形的厚片，然后顺长二分之一切四刀，形似手指，连着的二分之一形似手掌。

11. 网眼形

这是先将原料加工成厚片，在表面上采用直刀法剞上一条条平行的直刀纹，然后将原料翻转过来，剞上与第一面交叉的直刀纹（行业中习惯称两面交叉剞直刀），深度都约为原料厚度的三分之二，提起原料用两手撑开呈网眼状。

12. 百叶形

百叶形一般用于剞鱼，操作时先用刀直剞至鱼的脊骨，再贴骨横片进去（并不片断）。此种刀法应注意刀距要相等，左右面要对称，提起后呈百叶窗形。如糖醋黄鱼一类，鱼的改刀就采用此种刀法加工成形。

复习思考题

1. 什么是刀工？刀工的操作姿势应怎样？
2. 刀工的基本要求有哪些？
3. 什么是刀法？可分为哪几类？各类有何区别？常用刀法有哪些？
4. 何谓刀工美化？
5. 切与片各有哪些具体方法？
6. 常见原料经刀工加工后的基本形状有哪些？各采用什么刀法加工成形？
7. 加工片、丝原料形状各应注意哪些事项？
8. 剞的刀法操作要求是什么？
9. 常见原料的美化形态有哪些？试说明各种形态的刀工操作过程。

训练课题

训练1 磨刀（2课时）

训练2 土豆丝（4课时）

训练3 猪肉丝（4课时）

项目二
鲜活原料的初加工

学习目标
1. 掌握鲜活原料的初加工的意义、作用及要求
2. 掌握鲜活原料初加工质量好坏对菜肴影响的重要性
3. 掌握各类鲜活原料加工的工艺、手法和要求

学习重点
1. 鲜活原料初加工的意义、作用及要求
2. 各类鲜活原料的具体加工工艺、手法和要求

案例导入 一名实习学生在饭店的中心厨房削土豆皮，他把削过皮的土豆直接放在案板上，不一会土豆表面的颜色变成了浅褐色。厨师长指出了该学生存在的问题。

案例思考 该同学在削完土豆皮后没有注意到含糖量高的原料直接与空气接触会产生褐变反应。故应在将土豆处理完后，将它浸没在清水当中，以便与空气隔离，防止原料的褐变。

任务1 新鲜蔬菜及果品初加工工艺

任务驱动

1. 新鲜蔬菜初加工的原则、要求和工艺
2. 各种果品初加工的原则、要求和工艺

知识链接

一、新鲜蔬菜初加工的原则、要求和工艺

（一）新鲜蔬菜初加工的原则和要求

1. 新鲜蔬菜初步加工的原则

要做好新鲜蔬菜的初步加工，必须遵循以下几条原则：

（1）认真加工，讲究原料的清洁卫生　从市场上购进的各种原料，一般都带有污秽杂物，有些原料本身还带有一些不能食用的部分。如新鲜的蔬菜在购进时，常带有老叶、泥沙、污物，有的还带有虫、菌等，因此必须经过择剔、洗涤、清理等加工处理后才能切配、烹调，供人们食用。尤其是对一些生食的原料，清洁卫生更为重要。

（2）合理加工，保持原料的营养成分　在对原料进行加工的过程中，由于原料的品种不一样，采取的加工方法也不同，其对原料的加工和影响程度也有所不同。因此，在原料初步加工过程中，首先要了解原料中主要营养素的种类和性质，然后采用科学的加工方法，使营养成分不受或少受损失。如青菜、菠菜等叶菜类，是人体维生素和矿物质的重要来源之一，而这些原料中的营养成分，很容易在洗涤加工中被溶解、流失，也容易遭受日光、空气的影响而受到破坏。

（3）正确加工，保证原料的使用要求　初加工是为切配和烹调服务的，因此，在初加工中就要考虑原料在后期烹调时所使用的烹调方法，以保证成品菜点的色、香、味、形等诸方面受损害。例如：为了使叶菜类原料保持原有的鲜艳碧绿，必须放入沸水锅内略烫即出；如要去除根茎类蔬菜内的苦涩味，则必须放入冷水锅内慢煮。如果对以上两种蔬菜原料做错误的处理，不但会造成营养素破坏，而且也不利除去根菜类原料的异味，最终影响菜肴质量。

（4）合理利用原料，减少损耗　在初加工时要根据原料的特性及食用价值，综合处理原料有价值的部分，使物尽其用，降低成本。对一些尚可食用，但加工过程比较复杂的原料，操作者千万不能嫌麻烦而将其舍弃，如蔬菜中新鲜的老叶虽然不能食用，但可切成细丝，用油炸成菜松，用于围边点缀；也可以焯水后代替草铺垫在蒸笼上，使蒸出来的菜肴或点心带有清香味。原料的节约和合理使用在很大程度上取决于初步加工。因此，在初步加工中应予以足够的重视。

2. 新鲜蔬菜初步加工的要求

（1）根据菜点的要求整理加工　菜点的品种不同，对原料的要求也不一样，所以采用不同的加工方法，去掉不能食用的部位。如叶菜类蔬菜必须去掉菜的老根、老叶、黄叶等；根菜类蔬菜要削去或剥去表皮；果菜类蔬菜必须刮削外皮，挖掉果心等。

（2）正确洗涤，保证质量　洗涤蔬菜时，首先，要去掉蔬菜上的泥沙、虫卵等赃物，并采用正确的方法，有的原料要掰开来洗，防止污物夹在菜叶中；有的在清洗后要在清水里再浸泡一段时间，以去掉残留在蔬菜上的农药等。其次，洗涤后的蔬菜要存放在清洁处，防止二次污染。最后，注意洗涤顺序，先洗后切，有利于保护营养素。

（3）合理放置，方便使用　蔬菜原料洗涤干净后应放在能沥水的容器内，排放整齐，以利于后续的切配加工。

（二）各种新鲜蔬菜初加工工艺

1. 叶菜类原料的初加工

叶菜类是指以鲜嫩的菜叶与菜柄作为食用部位的蔬菜，常见的有大白菜、小白菜、青菜、菠菜、卷心菜、油菜、韭菜、生菜等。其加工方法有以下几种：

（1）加工方法

① 择剔、整理

将蔬菜原料中的黄叶、老叶、枯叶、老帮、老根、污物、杂草、泥沙等不能食用的部分择除、剔掉，并进行初步整理。

② 洗涤

将择剔、整理好的蔬菜，用清水洗涤。用清水洗涤时应注意蔬菜品种的不同和季节、用途的不同，分别采用不同的洗涤方法。一般有下面几种：

冷水洗涤：此方法适用于对大多数蔬菜的洗涤。将择剔、整理后的蔬菜在清水中浸泡、清洗，以除去泥沙等污物，再反复冲洗干净，置于清洁的盛器中沥干水。

盐水洗涤：此方法适用于对秋冬季节蔬菜的洗涤。此时的叶或叶柄表面带有虫卵，若只用冷水洗涤很难收缩脱落，从而洗掉虫卵。具体方法：将择剔、整理后的蔬菜先放入浓度为2%的食盐溶液中浸泡约5min，然后用清水冲洗干净。应注意不宜在盐水中浸泡时间过长，否则会影响原料的质量。

高锰酸钾溶液洗涤：此方法主要适用于生食凉拌的蔬菜。各种烹饪原料在初加工之前，或多或少地会带有一些细菌、病毒。生食凉拌的原料因不再加热，更要注意卫生，以确保食用者的健康。这类蔬菜原料的洗涤方法是：将择剔、整理后的原料放入浓度为0.3%的高锰酸钾溶液中浸泡5min，然后用清水洗涤干净，放在清洁的盛器中内，防止细菌、病毒或其他杂物的再次污染。

（2）叶菜类原料初加工实例

青菜的洗涤初加工步骤（图2-1）：

先择剔去老叶和黄叶，再用刀把根修成锥形，放入清水中掰开叶柄，洗净泥沙。如带有虫卵，则采用盐水洗涤。

2. 根菜类原料的初加工

根菜类原料是指以肥大变态的根部为食用部位的蔬菜，如山药、萝卜、胡萝卜等。

（1）加工方法

① 削皮、整理：将根菜类原料根据烹调要求削去外皮。

② 洗涤：将整理后的根菜类原料用清水洗涤干净，视烹调的需要进行焯水或不焯水处理。一般根茎类原料大多含有一定量的鞣酸，去皮后容易氧化变色。这些原料去皮后应立即浸入清水中，以防变色。

择剔　　修根　　洗涤

图2-1　青菜洗涤的初加工步骤

（2）根菜类原料加工实例

山药初加工步骤（图2-2）：

山药外皮粗糙，味苦涩，初加工时应把外皮除去。其方法是用刨刀直接刨去外皮，放入清水中洗涤干净后，浸泡在清水中，随用随取。

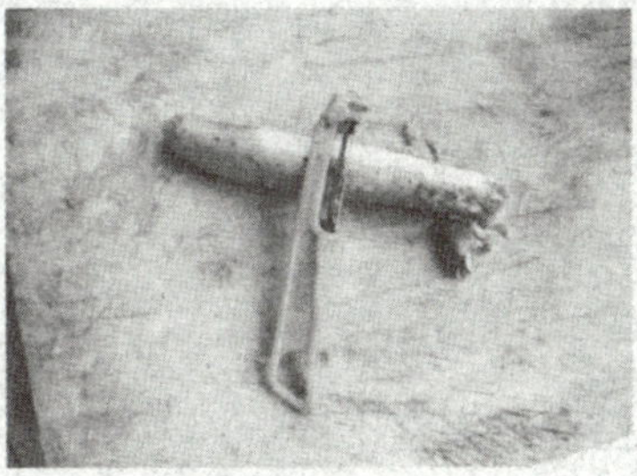
刨去外皮

洗涤

浸泡

图2-2 山药初步加工步骤

3. 茎菜类原料的初加工

茎菜类原料是指以肥大变态的茎部作为食用部位的蔬菜原料。如冬笋、莴笋、土豆、芋头等。

（1）加工方法

① 剥壳、去皮、整理：将茎菜类原料外表的壳、皮去掉，然后切掉老茎，剔除不能食用部分，再进行适当的整理。

② 洗涤：将剥壳、去皮、整理后的茎菜类原料用清水洗涤干净，根据烹调要求，进行焯水或不焯水。焯水时要用冷水下锅，慢火煮熟，然后用冷水浸漂备用。

（2）茎菜类原料初加工实例

莴笋的初加工步骤（图2-3）：

先剥去莴笋的叶子，切去莴笋的老根，从切口处开始削去皮，最后洗涤干净备用。莴笋叶子也应洗涤干净，另作他用。削去老皮时，要掌握好厚度，以“肉”不带皮，皮不带“肉”为准。

去叶

削皮

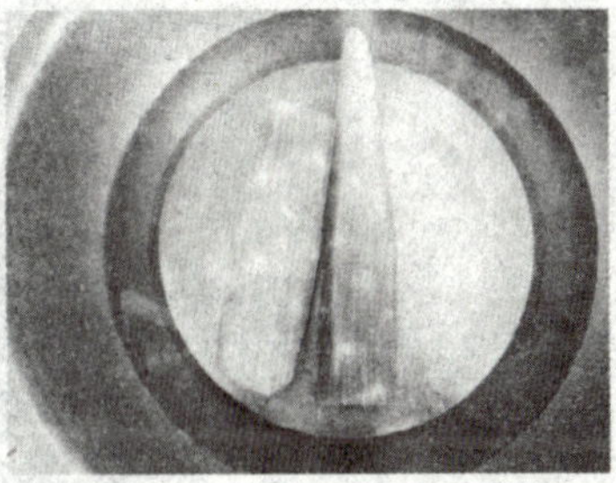
洗涤

图2-3 莴笋初加工步骤

4. 花菜类原料的初加工

花菜类原料是以植物的花部器官为食用部分的蔬菜，如黄花菜、菜花、白菊菜、韭菜花等。

（1）加工方法

① 初步整理：去蒂、花心和茎叶，或将花瓣取下。

② 洗涤：用清水漂洗干净，洗涤时要保持原料的完整。

（2）菜花类原料加工实例

菜花的初加工步骤（图2-4）：

用刀切去花柄，掰成小块状，然后用清水洗涤干净，保持花形完整不碎。

切去花柄　　掰成块状　　洗涤

图2-4　菜花初加工步骤

5. 果菜类原料的初加工

果菜类原料是以植物瓠果为食用部位的蔬菜，如黄瓜、丝瓜、冬瓜、南瓜等。

（1）加工方法

① 去皮、去籽：有些瓜类原料（如冬瓜、南瓜等）的皮、籽硬而老，应将其除去。这些原料应先去掉外皮，然后剖开，去掉中间的籽、瓤。

② 洗涤：将去皮、去籽的瓜类原料整理，用清水洗涤干净，不需去皮、去籽的原料可直接用清水洗涤。

（2）果菜类原料初加工实例

① 丝瓜的初加工步骤（图2-5）：

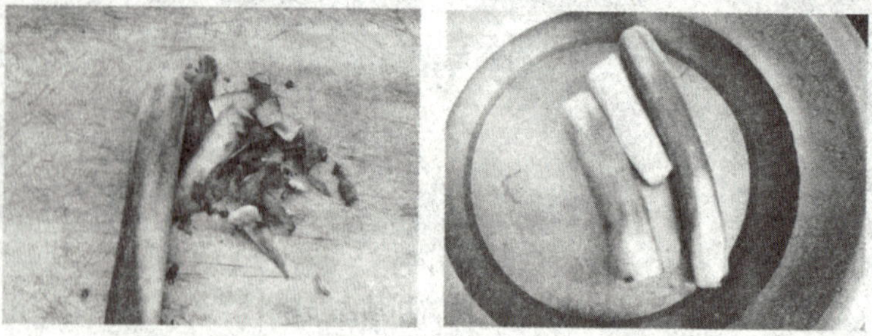

去衣或去皮　　洗涤、浸泡

图2-5　丝瓜初加工步骤

对外皮较嫩的丝瓜，可用小刀或竹片刮去表面绿衣；对外皮较老的丝瓜，则用小刀削皮或用刨刀刨皮，随后放入清水中洗涤。丝皮去皮后易变色，应随用随加工，或加工好后浸入清水中备用。

② 番茄初加工步骤（图2-6）：

按烹调制作要求不同，番茄加工一般有两种方法：一种是带皮食用，即先用清水洗涤干净，然后用刀对剖开，切去番茄蒂；另一种是去皮食用，先用清水洗涤干净，然后用90℃左右的热水浸泡约10s，用手撕去番茄皮，对剖开、切去蒂。去皮的番茄一般适用于凉拌。

洗涤

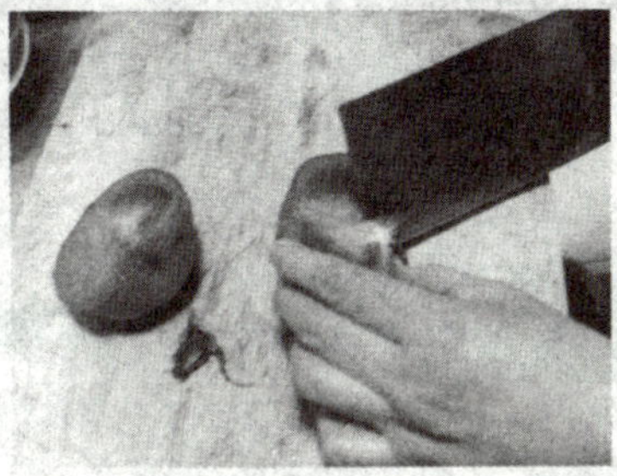
去蒂

图2-6　番茄初加工步骤

③ 刀豆的初加工步骤（图2-7）：

先将刀豆用于掐去顶尖，撕去两边筋，然后用手掰成所需要的长度，用清水洗涤干净备用。

6. 食用菌类

以无毒菌类的子实体为食用部位的蔬菜称为食用菌类蔬菜，如平菇、蘑菇、草菇、金针菇和猴头菇等。

（1）加工方法

① 切去根部，去掉杂物。

② 洗净备用。

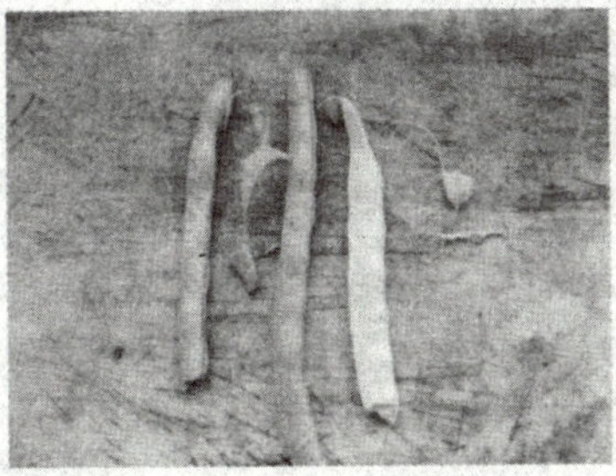
去顶尖，撕去筋

掰成相应的长度

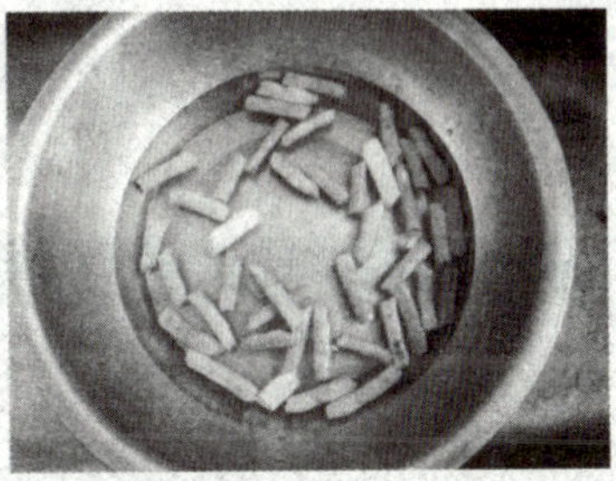
洗涤

图2-7　刀豆初加工步骤

（2）食用菌类原料初加工实例

平菇的初加工步骤（图2-8）：

用刀片去平菇的根蒂，掰成大小近似的块，用清水洗涤干净，如果平菇上沾有泥土或其他污物要用手轻轻搓洗。

去根 分块 洗涤

图2-8 平菇初加工步骤

二、各种果品的初加工原则、要求和工艺

（一）果品类加工的原则和要求

1. 果品类原料加工的原则

（1）根据原料的特征进行加工　加工时要根据原料的形状、品种、成熟度的不同选择具体的加工方法，尽量保持可食部位的完整性。

（2）根据成菜的要求进行加工　同一种原料因成菜的要求不同而要采取不同的加工方法，如在去皮、去瓤时怎样去，去多少都要注意。

（3）根据节约的原则进行加工　在择剔加工时要避免浪费，切不可乱择乱切，要尽量保留原料可食部位，对择除的原料也要加以综合利用。

2. 果品类原料加工的要求

（1）洗涤加工　除部分干果原料外，绝大部分果品原料要经过洗涤加工，通过采用冲洗、刷洗、漂洗等方法，可以去除原料表面的污物，确保食用的安全和卫生以及菜肴的风味。

（2）去皮工艺　许多鲜果、干果原料要去皮加工。去皮加工时要掌握正确、快速的去皮方法。

（二）各种果品的初加工工艺

1. 鲜果类

（1）加工方法

① 初步整理：去蒂、去叶柄、去皮。

② 洗涤：用清水冲洗、搓洗、刷洗等。

（2）初步加工实例

菠萝的初加工步骤（图2-9）：

用刀切去顶端的叶子，削去外皮，切成块后放入淡盐水中浸泡5min。

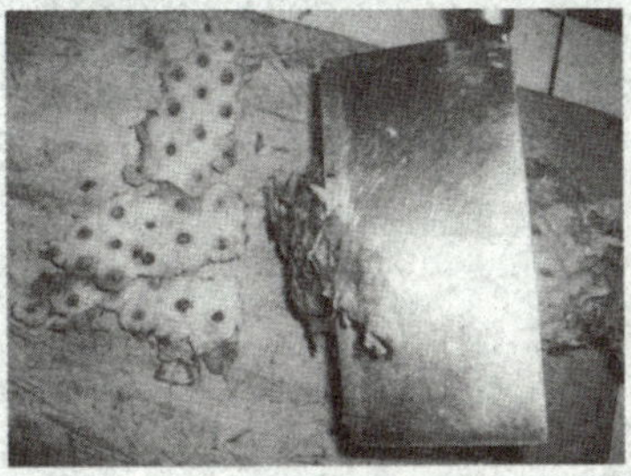
去皮

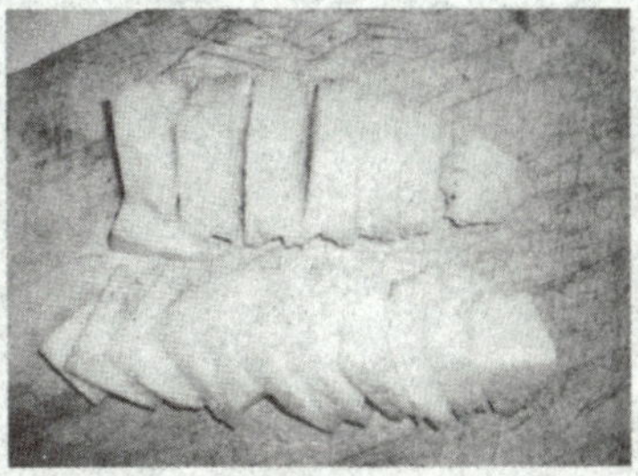
切块

盐水浸泡

图2-9 菠萝初加工步骤

火龙果的初步加工步骤（图2-10）：

用清水冲洗火龙果表面，然后用刀顺长切开，再用勺子挖出果肉。果皮也可作盛器使用。

洗涤

纵切开

去除肉

图2-10 火龙果初加工步骤

2. 干果类

干果的果皮干燥，使之失去了食用价值，但其种子可以食用。初步加工时一般去除其果皮，保持其果肉完整即可。

任务2 禽类的初加工技术

任务驱动

禽类初加工的原则、要求和工艺

知识链接

一、畜类初加工的原则和要求

1. 宰杀时必须割断气管、血管、放净血

割断气管可以使家禽尽快死亡，以利于后续的初加工顺利进行；如果气管割不断，那么家禽就不能立即死亡。割断血管可以使血液放净，否则，肉里有淤血，将影响肉的色泽和味道。

2. 掌握好烫毛的水温和时间

烫毛时的水温和时间与家禽的品种、老嫩以及季节等因素有关。一般鸭、鹅等水禽类烫泡时间可长些，鸡、鸽子、鹌鹑等则应烫泡时间短些。家禽质老的，水温应高些，时间可长些；质嫩的，水温应低些，时间应短些。冬季水温应高些，时间应长些；夏季水温应低些，时间应短些；春秋季节应适中。烫毛用水量以淹没家禽为宜。

3. 煺净禽毛，注意清洁卫生

煺净禽毛要掌握好烫泡的水温和时间，也要认真、细致。有些家禽有许多绒毛、细毛不容易煺干净，要用镊子去净绒毛，或用火燎去。宰杀的禽类必须洗涤干净，特别是腹腔，要反复冲洗，去净血污。

4. 充分利用原料，做到物尽其用

家禽中除了胆、食包、气管、淋巴必须去掉，其他各部分均可利用。头、爪可吊汤或卤制、酱等，肫皮可供药用，肝、肠、心和血液可用来烹制菜肴，禽毛可加工成羽绒制品。在初加工时都要注意加以利用，不可随意丢弃。

二、各种禽类初加工工艺

家禽一般的加工方法步骤为宰杀、泡烫和煺毛、开膛取内脏、洗涤。

1. 宰杀

鸡、鸭、鹅都采用割断血管、气管的方法宰杀，用左手虎口将鸡翼钳住，小指勾住鸡右腿，右手捏住鸡头向后翻转，左手拇指和食指捏住颈骨后面的皮，右手持刀在第一颈骨处下刀，割断气管、血管。宰杀后，右手握住鸡头向下，左手上抬，将血流入事先准备好的容器里。鸭、鹅个大体重，可以先用绳吊起来，然后宰杀。

2. 泡烫和煺毛

在家禽完全死亡而体温尚未完全冷却时进行，过早过迟都不易煺毛。泡烫所用的水温根据家禽的老嫩和季节的变化而定，一般情况下，鸡用80～90℃的热水，先烫脚、头，再烫全身；鸭、鹅用60～80℃的热水，整只泡入搅拌，以煺尽羽毛，而又不破坏禽皮为原则。

3. 开膛取内脏

开膛取内脏的方法，可视烹调及菜肴的要求而定。较常用的方法有腹开、肋开和背开三种。无论用哪种方法，都要把内脏去净，不能弄破胆、肝及其他内脏，否则会影响成品的质量。

（1）腹开　先在家禽颈与脊椎之间开一刀，取出嗉囊和食管，再在肛门与肚皮之间开一条6～7cm长的刀口，伸手入腹，用手撕开内脏与禽身粘连的膜，轻轻拉出内脏，洗净腹腔内的血污，并将其体内外冲洗干净。此法应用广泛，适用于一般的烹调方法（图2-11）。

（2）肋开　先取出嗉囊和食管，然后在翅膀下开4～5cm的刀口，再将食指和中指伸入腹内，轻轻撕开内脏与禽身粘连的膜，取出内脏，用清水洗净腹中血污。此法适用于烤制的家禽，如烤鸭、烤鸡等。这种开口方法可以避免烤制时漏油，从而使制品品味更肥美（图2-12）。

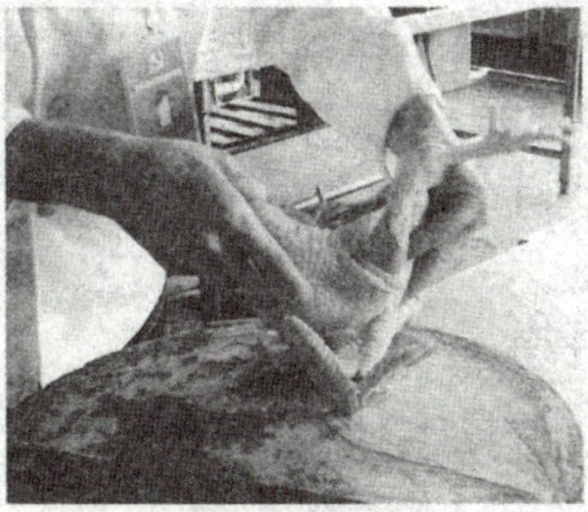

图2-11　腹开

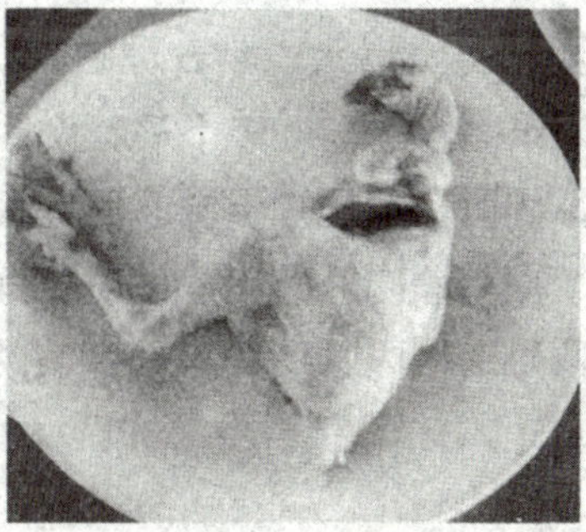

图2-12　肋开

（3）背开　在家禽的背脊处，从臀尖到颈部剖开，取出内脏，用清水洗净腹腔中血污。此法适用于整禽上席的菜肴，如清蒸全鸡、料子全鸡，洋葱扒鸡等，整禽上席时胸脯朝上，见不到刀口，使菜肴外观丰满、美观（图2-13）。

图2-13　背开

4. 内脏洗涤

家禽的内脏除嗉囊、气管、食管、胆囊不能食用，其他部分均可食用。

（1）肫　割去前段食管及肠，将肫剖开，除去污物，再剥掉内壁黄皮（内筋），撕去外表筋膜，冲洗干净即可。

（2）肝　用剪刀剪去附着在肝脏上的胆囊，用清水洗净即可。去胆囊时不可将其碰破。

（3）肠　将肠理直、洗净附着在肠上的两条白色的胰脏，然后剖开肠子洗掉污物，用盐、醋搓擦，去掉黏液和异味，洗涤干净后再用开水略烫即可。

（4）血　将已凝结的血放入开水中浸熟或用水蒸熟，加热时间不可过长，火力不可过大，否则血块起孔，影响食用效果。

（5）油脂　把油脂洗净，切碎后放入碗内，然后加葱姜上笼蒸至油脂溶化后取出，去掉葱姜即可做明油用。

（6）心、腰、成熟的卵蛋　摘去洗净后可制作菜肴。

示范教学：活鸡的初步加工

1. 原料：活鸡1只。

2. 操作过程：宰杀→泡烫、煺毛→开膛取内脏→洗涤整理

3. 操作步骤：

（1）宰杀　准备一个碗，放入些清水和少许食盐，鸡子宰杀后右手握住鸡头向下，左手抬高鸡身，将血流进准备好的碗内，用筷子搅匀，使其凝结。

（2）泡烫、煺毛　待鸡子停止挣扎，完全死亡后放入80～90℃的热水中，先烫双脚，去掉鸡爪皮，再烫鸡头，剥去鸡嘴壳，煺去鸡头毛，然后烫翅膀和身体，先拔翅膀上的大羽毛，如果比较顺利地拔下来，说明烫的程度可以了。

（3）开膛取内脏　根据烹调要求开膛取内脏。

（4）洗涤　把鸡腹内外的脏物清洗干净。

（5）整理内脏　把内脏按要求整理清洗干净。

任务3 畜类初加工技术

任务驱动

畜类初加工的原则、要求和工艺

知识链接

一、畜类初加工的原则和要求

（一）洗涤干净，除去异味

畜类原料有的含有一定的异味，尤其是内脏里的杂物较多，污秽而油腻，特别是肠和肚，腥臊异味较重，在清洗时必须去除。

（二）保持原料质地，保存营养

畜类内脏加工的根本目的是除净杂质和异味，改进原料风味。但每一种原料都有其固有的质地和营养成分，在原料加工时，应尽量避免因过度加工或不当加工造成营养素流失。

（三）加强管理，保证质量

畜类内脏里的污物多，极易污染，如果放置时间过长其异味很难去除，且容易使原料颜色发黑。因此，应及时加工处理，防止污染变质，并尽快用于烹调。

二、各种畜类初加工工艺

畜类动物以宰杀至内脏的初步整理，大多在专门的屠宰加工厂进行，烹饪加工只对畜类的肉及副产品进行修整和卫生性洗涤处理。

（一）畜内脏及四肢的初步加工

畜内脏及四肢主要包括心、肝、肺、腰、肠、头、尾、爪、舌等。由于这些原料黏液较多，异味重，并且各肌体组织结构相差很大，洗涤加工工艺既复杂又各不相同，同一种原料往往采用多种方法才能完成。

内脏及四肢常用的加工方法有里外翻洗法、盐醋搓洗法、热水烫洗法、刮剥洗涤法、灌水冲洗法及清水漂洗法等。

1. 里外翻洗法

此法主要用于肠、肚等内脏的洗涤加工。由于这些原料里面黏液较多，异味重，外面带有油脂和污物，必须采用里外翻洗法洗净。一面洗净后，再将另一面翻过来洗涤，直至里外的黏膜及油膜被全部洗净和摘除。

2. 盐醋搓洗法

肠、肚等在翻洗之后，加盐、醋反复揉搓，去除黏液和腥臭味后，再用清水冲洗干净。

3. 热水烫洗法

热水烫洗法是用于加工腥气味较重或有白膜的原料，如肚、舌、肠等。具体方法是：将初步洗涤干净的原料放入沸水锅中烫一下，如有白膜转白时捞出，然后刮去白膜，洗去黏液，用清水洗净。

4. 刮剥洗涤法

此法适用于加工外表带有污垢、硬毛和硬壳的原料，如猪爪、猪舌等。方法是：先刮除污垢，有毛的地方要用镊子拔掉或用刮刀刮净余毛，有爪壳的要去爪壳，有白膜的要刮净白膜，再用清水或热水洗净。

5. 灌水冲洗法

此法主要用于洗涤肺和肠等，肺泡中常存有血污不易清除。洗涤方法有两种：一种是用剪刀将肺的大小气管剪开，用清水反复冲洗；另一种是将气管套在水龙头上，把水灌满后，用双手挤压，使污水流出，如此反复数遍，直至将血污冲净，肺叶呈白色为止。

6. 清水漂洗法

此法主要用于脑、脊髓等原料。其质地极嫩，容易破损，只能放在清水中轻轻漂洗，并用牙签或小刀剔除血衣和血筋，然后洗净备用。

（二）家畜内脏及四肢的初步加工实例

1. 猪肚的洗涤

加工步骤：盐醋搓洗→里外翻洗→热水烫洗→冲洗干净

用刀割去或用手撕去表面油脂，将猪肚放入盆内，加入食盐和醋，用双手反复搓洗，使猪肚上的黏液脱离，用水洗净。将猪肚翻转过来，再加上食盐和醋搓揉，洗去黏液。然后放入冷水锅中加热至沸，捞出后刮净猪肚内壁白膜，再将其里外冲洗干净即可。

2. 猪肠的洗涤

加工步骤：灌水冲洗→盐醋搓洗→里外翻洗→冷水冲洗

用手伸入肠内，把口大的一头翻转过来，用手指撑开，灌注清水，使肠子翻转过来，然后用手摘去或用剪刀剪去猪肠上的油脂、污物。再将猪肠放入盆内，加入盐和醋，反复搓洗，用清水冲洗干净，再把肠子翻转过来。

3. 猪舌的洗涤

加工步骤：清水冲洗→热水烫洗→洗涤整理

猪舌表面有一层硬的舌苔，不仅污物多，而且异味重，若不除干净，将严重影响菜肴质量及食用者的健康。其具体的操作方法：先用水洗净猪舌，在舌的中间从舌根到舌尖插入一根筷子，以防加热时弯曲，影响加工。将猪舌放冷水锅稍煮，待舌表面凝固，捞出用小刀刮去舌苔，再用水洗涤即可。

4. 猪爪的洗涤

加工步骤：刮剥洗涤→清水冲洗

用小刀刮净硬毛，细毛和脚趾间的污物，剥去爪壳，冲洗干净即可。也可以将猪爪放在火上烤，燎去爪上的硬毛和细毛，再刮净污物，剥去爪壳洗净。

示范教学：猪腰的初步加工

1. 原料：猪腰1只。

2. 操作过程：撕去筋膜→对半片开→片去腰臊

3. 操作步骤：

（1）首先要把腰子表面覆盖的一层筋膜撕去。

（2）从比较光滑的一侧侧面把腰子片开。

（3）让刀口朝上片去腰臊，要求腰臊要片干净，以免影响菜肴质量，但要注意腰臊不能片得过厚，提高出品率，避免浪费。

任务4 动物水产品初加工技术

任务驱动

动物水产品初加工的原则、要求和工艺

知识链接

一、动物水产品初加工的原则和要求

水产类品种繁多，主要有淡水产品和咸水产品两大类，如鱼类、虾类、蟹类、贝类、软体类等。水产品营养丰富，含有蛋白质、脂肪、无机盐、维生素等，是人类不可缺少的食物，也是极为重要的烹饪原料。

水产品在一般情况下，在正式烹饪前都须经过初步加工处理，如宰杀、刮鳞、去鳃、取内脏、褪沙、剥皮、洗涤等。这些处理方法，必须根据不同的品种和用途合理地采用。初步加工应符合如下几个方面的要求。

1. 符合卫生要求

水产品的初步加工，应根据原料的本身性质采用相应的加工方法，除去不宜食用的部分，如鳞、鳃、内脏以及沙粒、硬壳、黏液等，使其符合卫生要求，保证菜肴质量。

2. 根据用途和品种加工

水产类的品种不同，其加工方法也不完全一样。如对有鳞的鱼类，如鲤鱼、鲫鱼等的初加工，应分别进行去鳞、去鳃、去内脏、洗涤等工序。而对一些无鳞的鱼类就少一个去鳞的工序。那么对于鲜活的小鲨鱼应该有褪沙的工序。对鲜活的鲥鱼、白鳞鱼初加工时可不去鳞。

同一种品种的水产品，因其用途的不同，初加工方法也不一样，如鲤鱼若烹调一般

的菜肴就可以采用腹开取内脏，如果制作造型菜，用鱼制成盛器就要用背开取内脏的方法，菜肴如草船借箭。

3. 不碰破苦胆　鱼类的胆囊容易破裂，在加工时要注意保护，否则，胆汁就会渗入鱼肉，影响原料的味道和颜色，有的胆汁还含有毒素，影响人体健康，因此在加工时要特别小心。

4. 合理用料，减少损耗

在加工鱼类原料时，要注意，合理分档取料，头、尾、中段等各有特点。鱼头可用于制作多种菜肴如剁椒鱼头、鱼头豆腐汤等；鱼尾可用于红烧；中段用途更广，可切丝、片、丁、制蓉等；鱼骨可用来吊汤或油炸后烹制成“酥鱼”。鱼子、鱼鳔也都可以烹制菜肴。鳞可用于炸制或熬鱼鳞冻等。总之，在初步加工时，应尽量保留和利用可食用的部分，这样可以减少损耗，降低成本。

二、各种动物水产品初加工工艺

水产品初步加工方法大体上有宰杀、剪须脚、开壳、刮鳞、去鳃、剥皮、褪沙、泡烫、剖腹取内脏、洗涤等几个步骤。

（一）刮鳞

刮鳞适用于加工骨片鳞的鱼类，如黄鱼、鲤鱼、鲫鱼、草鱼等，刮鳞时不能顺刮，需逆刮。其方法是将鱼身平放在案板上，鱼头朝左，鱼尾朝右，左手按住鱼头，右手持刀，从尾部向头部戗刮过去，将鱼鳞刮净。刀与鱼的夹角应根据鱼鳞的特点及鱼的新鲜度来确定，一般情况下鱼与刀的夹角为45°左右。

（二）去鳃、除内脏

鱼鳃味苦不能食用，应该除去。方法是用手挖去鱼鳃。对有些鱼类，如黑鱼、鳜鱼、鲈鱼等，因鱼鳃生长点牢固，并且鳃上还有刺，容易刺伤手，可用剪刀剪去，取鱼内脏，应根据鱼的大小和用途不同，采用不同的方法，一般情况有两种方法：一种是将鱼的腹部剖开，取出内脏，再洗净血污和黑衣。腹开又分为侧开和中开两种方法。另一种是从鱼的口腔中将内脏取出，其方法是先在鱼的脐部横割一刀，将肠子割断，然后用两根筷子由口腔插入，夹住内脏用力向一个方向绞卷后拉出，再用清水冲净。还有一种是从背部出内脏。出内脏的方法如（表2-1）所示。

表2-1　取内脏的几种方法

名称	方法	用途
腹开取内脏	中开：从鱼的腹部正中间把鱼腹剖开，取出内脏	用于体形较大，不作整鱼上席的鱼
	侧开：从鱼的左侧，紧贴腹鳍，从头至尾把鱼腹剖开取出内脏	多用于整条上桌的鱼类，如鲤鱼等

续表

名称	方法	用途
口中取内脏	先在鱼的肛门上侧横割一刀，使肠子与鱼身分离，再用两根筷子从口腔插入腹腔，夹住鱼鳃和内脏用力往一个方向绞动，卷出内脏	主要用于体形较小，而又需保持体形完整的鱼类，如鲈鱼、鳜鱼等
背开取出内脏	在鱼的背部，紧贴脊骨片开，去掉脊骨取出内脏	多用于特殊造型的菜肴

（三）煺沙

煺沙主要用于加工鱼皮表面带有沙粒的鱼类，例如鲨鱼。煺沙的水温及时间应根据原料的老嫩来确定。方法是将鱼放入热水中烫泡，待沙粒凸起能煺掉时，立即捞出用小刀、软布或用手煺沙。沙粒煺净后要洗涤干净，再进行其他初步加工。

（四）剥皮

对鱼皮粗糙、颜色不美观的鱼类进行剥皮处理，如马面鱼、比目鱼等。

（五）烫泡

烫泡多用于鱼体表面有黏液而腥味较重的鱼类，如鳝鱼、河鳗、海鳗等，甲鱼也多进行烫泡煺皮。烫泡时加热时间不宜长，以免烫破表皮。

（六）加工实例

1. 鲫鱼的初步加工

操作过程：刮鳞→去鳃→剖腹取出内脏→洗涤

操作步骤：左手按住鲫鱼头，右手握刀从尾部向头部刮去鱼鳞，挖出鳃。然后用刀从肛门至胸鳍将腹部剖开，挖出内脏，并将鱼体内外洗净即可。

2. 河鳗的初步加工

操作过程：宰杀→取出内脏→烫泡→洗涤

操作步骤：左手中指关节用力勾牢河鳗，右手握刀在鱼的喉部先割一刀，再在肛门处割一刀，放尽血。然后将方形竹筷从喉部刀口处插入腹腔，卷出内脏，再挖去鱼鳃，放入沸水中浸泡。待其身体表面黏液凝固变白后取出，把鱼体内外清洗干净。

3. 比目鱼的加工

加工步骤：去皮→去鳃→去内脏→洗涤

比目鱼的外皮粗糙，颜色灰暗，不能食用，应去除。

加工方法：先在近鱼头处划一刀口，在刀口处剥开一点鱼皮，而后捏紧撕下鱼皮。用同样方法剥去另一面鱼皮，再挖出鱼鳃，剖开鱼腹，去除内脏，洗净即可。

4. 对虾的初步加工

操作过程：去须脚→去沙袋、虾肠→洗涤

操作步骤：用剪刀去须、脚，再在虾头壳处横剪一刀，挑出沙袋，然后在虾背中抽去背筋，剔去泥肠，放在水中漂洗净即可（不可冲洗，防止虾脑流出，虾头脱落）。

5. 蛤蜊的初步加工

操作过程：刷洗→水养→洗涤

操作步骤：将蛤蜊放入清水盆内，用细毛刷洗净泥土、冲洗干净后静置于淡盐水中（每4kg清水放入5g盐），使其吐出泥沙，最后用水冲洗干净即可。水养时，水不宜过多（水料比为1：1），以防止缺氧，造成蛤蜊死亡。

示范教学：活鲤鱼的初步加工

1. 原料：活鲤鱼一条（重约750g）。
2. 操作过程：刮鳞→去鳃→剖腹取内脏→洗涤
3. 操作步骤：

先将活鲤鱼摔晕或用刀背打晕。鲤鱼平放在墩子上，左手按住鱼头，右手握刀从尾部向头部刮去鱼鳞。用手或刀挖出鱼鳃。在鱼左侧沿腹鳍用刀割开，刀口从肛门至胸鳍。挖出内脏，冲洗干净腹内外血污、黑衣等脏物。

任务5 其他动物初加工技术

任务驱动

其他动物初加工的原则、要求和工艺

知识链接

一、其他动物初加工的原则和要求

在众多的烹饪原料中，有一类采撷于自然、风味独特、珍贵难得的原料，常被制作成一些较为高档的菜肴，颇受食客的青睐，但是，许多野味都是国家保护动物，应严格遵守国家法律法令。

1. 禁用已经变质的野味原料

野味原料含有丰富的蛋白质，很容易变质。对变质的原料应禁止食用。对国家明令保护的应禁止食用。

2. 取尽体内的铁砂和枪弹

一些用枪支打死的野生动物，体内含有铁砂和枪弹，应仔细检查和去除。同时还要检查枪口处的肉是否变质，如变质，要用刀剜除。用毒饵杀死的禽兽一般不可食用。

3. 洗涤干净

绝大多数野味原来都带有较重的腥臊气味及特殊的异味，在初加工时应反复地进行冲洗，焯水处理。

4. 弃去内脏

野味的内脏一般弃去不用，因为内脏极易腐败变质，引起食物中毒。

二、其他动物初加工工艺

1. 黄猄

黄猄多产于广东西部一带山区，形似小黄牛，行走极快。宰杀时将其后足捆牢，将嘴抓紧，用较长的尖刀从喉部刺入放血。杀死后，用70℃左右的热水烫泡，将毛褪净，再剖腹取出内脏，洗净即可。

2. 竹鸡

竹鸡的加工应根据烹调的要求来进行。如切丁、斩块再烹制菜肴的，可以剥去皮，斩去头和爪，剖腹取出内脏，洗净即可。如以整只烹制菜品，必须保持外皮完整，要先褪毛，再剖腹去内脏，洗净即可。

3. 野鸭

野鸭多为枪杀，在初步加工前，要注意检查枪口处肌肉是否变质，剜去变质部分，并取出留在体内的枪弹。再用冷水将毛湿透，放入80℃左右的热水中烫透，捞出褪净鸭毛，开腹取出内脏洗净即可。

4. 禾花雀

禾花雀又称铁雀、花雀，类似麻雀，喙崛而短，毛色花黄，尾毛长细。饮食业用的多为光雀（煺过毛的禾花雀）。其初步加工的方法是：先将光雀用水洗净细毛，剪去翼尖、脚爪，剖腹取出内脏，洗净雀身即可。

5. 野兔

用绳子将兔头朝上吊起，用利刀剥开头皮，用力向下拉，把全身的皮一起撕下，再剖腹去内脏，清洗干净。

复习思考题

1. 新鲜蔬菜初加工的要求是什么？
2. 新鲜蔬菜初加工的原则是什么？
3. 详细叙述植物性原料的清洗方法。
4. 家禽初步加工的一般要求是什么？
5. 叙述家禽开膛取内脏的方法。
6. 叙述活鸡子的宰杀过程。
7. 内脏及四肢常用的加工方法。
8. 叙述有鳞鱼的刮鳞和开膛取内脏方法。

训练课题

训练1　植物性原料的削皮（2课时）

训练2 活鸡的宰杀（4课时）
训练3 有鳞鱼的初加工（4课时）
训练4 猪肠的洗涤（2课时）

项目三

原料的分档取料与整料出骨

学习目标 1. 掌握原料的分档取料与整料出骨的意义与作用
2. 掌握各种常用动物性原料的部位名称及所适烹调方法
3. 掌握常用原料的分档取料与整料出骨方法与步骤

学习重点 1. 常用动物性原料的部位名称
2. 分档取料与整料出骨的关键
3. 鸡、鱼的分档取料与整料出骨的方法与步骤

案例导入 厨师小王应客人提前预定的要求制作“八宝葫芦鸭”。小王知道制作此菜需要有一定的技术才能完成，所以他查阅了很多关于制作“八宝葫芦鸭”的资料。然而就在小王满怀信心制作时，最担心的事情还是发生了，并不是口味上的缺陷，而是菜肴的外形出现破裂导致馅心外露，影响整个菜肴的质量。客人很不满意，小王也想不通，自己在制作“八宝葫芦鸭”时填馅也不多，为什么会出现如此现象？

案例思考 小王在制作“八宝葫芦鸭”前虽然查阅了很多资料，但对于制作此菜的关键技术——整料去骨的要求及技术要领还没有完全掌握，有可能所选择的原料不适合整料出骨，鸭的宰杀、烫泡、煺毛的方法及水温也有可能不妥，出骨时的刀法不正确也有可能是导致菜肴制作失败另一原因。所以要制作整料去骨的菜肴，必须系统学习整料去骨的相关知识才能更好地达到制作要求

任务1 分档取料

任务驱动

1. 分档取料的烹饪意义
2. 分档取料的关键和作用
3. 各种动物分档取料的方法

知识链接

一、分档取料的烹饪意义

分档取料就是对已经宰杀和初步加工的家禽、家畜、鱼类等整只原料，按照烹调的不同要求，根据其肌肉组织、骨骼的不同部位、不同质量，准确地进行分档切割的方法。分档取料是技术细致、要求较高的工艺，若分档不正确，取料有误，不仅会降低切配效果，还会影响烹调和整个成菜的色、香、味、形和经济效益。如果不进行分档取料，那么烹调出来的菜肴质量就不能符合要求，并且浪费原料，加大成本。因此，在实践中必须按照大料大用、小料小用、精料精用、物尽其用的原则，认真学习掌握分档取料的知识及技术。

二、分档取料的关键

（1）熟悉原料的各个部位，准确下刀是分档取料的关键。例如，从家禽、家畜的肌肉之间的隔膜处下刀，就可以把原料不同部位的界限基本分清，这样才能保证所用不同部位原料的质量。

（2）必须掌握分档取料的先后顺序。取料如不按照一定的先后顺序，就会破坏各个部位肌肉的完整，从而影响所取用的原料的质量，同时造成原料的浪费。

三、分档取料的作用

（1）提高菜肴质量，突出烹调特色　由于同一种原料不同部位组织结构的差异，在烹调过程中会产生不同的变化，从而影响到菜肴成品的质感。因此，需要根据烹调方法和菜肴特色而选用不同部位的原料。如同是猪肉，炒肉丝应选用里脊肉，扣肉应选用五花肉，冰糖圆蹄应选用肘肉等。只有因菜取料和因料施法，才能保证烹调特色和菜肴质感，反之就达不到菜肴应有的质感和特色要求。

（2）合理使用原料，避免浪费　家禽、家畜，特别是家畜，其特点是体大肉多。它们的肉品质量随部位而异，部位不同，特性有别，所以，要根据其质量的差别，合理地将它们配以各种适宜的烹调方法，才能物尽其用，不浪费原料。例如，鸡胸肉是鸡全身最嫩的部位，肉纹细而瘦肉多，适宜于拉丝、切片，炒、烩皆宜；而鸡小腿肉肌腱筋络较多，只适宜于切丁后爆、炒。这说明肉质的部位特性不同，但都有合适的使用方法，只要我们能识其性而善于按部位选择，并且灵活运用，就可提高原料的使用价值。

四、各种动物分档取料的方法

（一）畜类的分档取料

1. 猪的分档取料（图3-1）

（1）头、尾　可卤、可炖、可炒。猪鼻、猪下巴和猪耳、猪尾适合下酒，猪头骨可炖汤，头骨肉拆了加辣椒炒可下饭等。

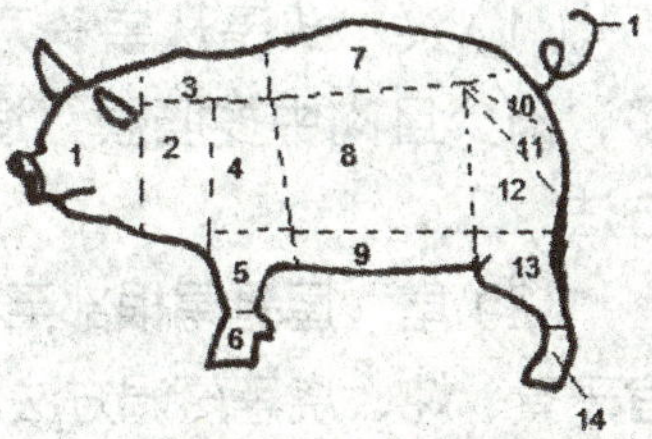

图3-1　猪的分档取料

（2）颈肉　也叫槽头肉，在猪头肉与夹心肉之间，此处是宰杀猪的刀口处，多具污血，肉色发红，肉老质次，肥瘦不分，含淋巴较多，多用于制馅，甚至不用于制作菜肴。

（3）上脑　也称上前槽，位于靠头部脊背，瘦中夹肥，肉质娇嫩，适合炸、炒、炖、糖醋等烹调方法。

（4）夹心肉　位于上脑肉的下方和前蹄膀上方，筋膜较多，肉质较老，适合做馅，做丸子。肉上面是小排骨，小排骨肉质老嫩适中，排骨适合做多种佳肴或炖汤。

（5）前蹄膀　也叫前肘子，皮厚筋多，胶质重，适宜于红烧、清炖等，如冰糖蹄膀。

（6）前脚爪　前脚爪只有皮、筋、骨，没有肉，削去蹄壳才能烹制食用。一般多红烧、酱、煮汤、制冻等。前脚爪的蹄筋不如后脚爪的好。

（7）脊背　包括里脊、外脊、大排骨。大排骨取下后的一条瘦肉就是里脊肉，脊骨尾部内侧有一条圆筒形的肉就是梅子肉（也称内里脊）。大排骨筋少肉嫩，用于炸、煎、烤等。外脊俗称“通脊”、“硬脊”、“扁担肉”，是较嫩的部位，用于炸、爆、炒等。里脊肉质细嫩，适用于爆、熘、炸、炒等，如糖醋里脊。

（8）五花肋条　排骨下面的一块肥瘦相间的肉，也可说是前腿后面、后腿前面、脊背下部、奶脯上部的一块肉，肥瘦肉有规则的间隔排列，呈五花三层，用于煮、氽、红烧、粉蒸、炖、焖等，如红烧肉。

（9）奶脯　俗称“肚囊子”是前腿与后腿之间，猪腹部的一条肉，是肥肉，质量较差，一般皮制冻，肉炼油（猪油）。

（10）臀尖　靠近猪后腿脊背处的一块肉，肉质嫩，可代替里脊肉，位于臀的上部，都是瘦肉。适用于爆、熘、炸、炒等，炒制的猪肉通常选用这个部位。

（11）坐臀　后腿上方紧贴内肉皮的一块长方形肉，一端厚、一端薄，肉质较老，丝缕较长，一般用于煮、酱、炒等。

（12）外档　又名“弹子肉”，前部的瘦肉肉质较嫩，可代替里脊肉，多用于炒、炸、爆。

（13）后蹄膀　又称后肘子，位于后腿膝盖上部和坐臀、外档的下方，品质与前蹄膀相近，肉质坚实，可用于红烧、清炖等。

（14）后脚爪　脚爪要削去蹄壳，品质与前脚爪相近，从后脚爪抽出的蹄筋质量比前蹄筋好，多用于酱、煮或制冻。

通过这些分档后所剩余的碎肉都可用来做肉馅，而肉皮则可用来炸皮肚或炒皮丝，骨头制汤。

2. 牛的分档取料（图3-2）

（1）头　头是从宰杀刀口至脑顶骨处。皮多骨多，肉少且肉中多筋膜。适宜于酱、烧、煮等烹调方法。

（2）尾　尾是尾根部至尾末端。肉质较肥美，适宜于煮、炖、烧等烹调方法。

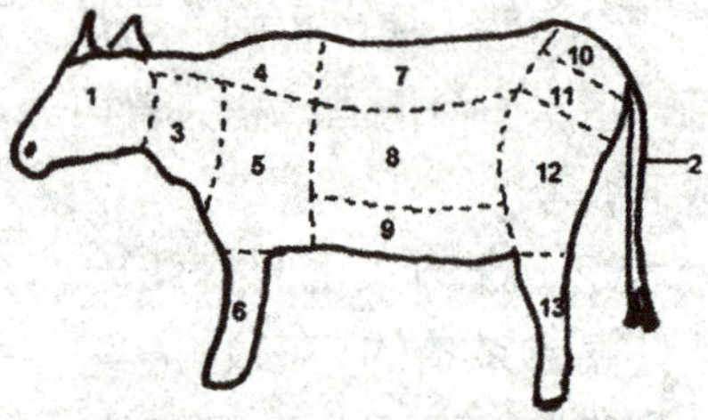

图3-2　牛的分档取料

（3）颈肉　颈肉即牛脖颈肉，肉质较差，可用于红烧、炖、制馅等。

（4）上脑　位于脊背前部，靠近后脑处，主要包括背最长肌和斜方肌等。肉质肥嫩，可切丝、丁、片、条、块等，适宜于烤、炒、烧、涮等烹调方法。

（5）前腿　位于上脑下部，颈肉后部，即胸肉，主要包括胸升肌和胸横肌、三角肌等。其中胸升肌、胸横肌肉质较老，适宜于酱、红烧、炖等烹调方法。三角肌即嫩肩肌，较嫩可用炒、熘等方法。

（6）前腱子　前腱子是牛的前臂骨周围，即牛前膝下部，蹄的上部。前腱子肌肉紧凑，肉质较老，筋腱较多，适于酱、煮、烧等烹调方法。

（7）里脊　又称牛柳，解剖学上称为腰大肌。里脊是牛肉中最嫩的一块肉，但较小呈扁圆形，内有细筋。牛柳肉质细嫩，可切丁、丝、条、片、块等，适于烤、熘、炒等烹调方法，可制作“蚝油牛柳”、“烤牛排”、“烤肉片”等菜肴。

外脊　又称“西冷”，位于牛脊背两侧的肌肉，即脊骨外，呈长条形，外有一层筋，肉质细嫩又较大，所以是使用价值较高的一块肉，可代替里脊使用，可切丝、丁、片、条、块等，适宜于爆、炒、炸、熘、火锅涮肉等多种烹调方法，可以制作“烤牛排”、“烤肉片”、“蚝油牛肉”等菜肴。

（8）腑肋　腑肋位于胸部肋骨处。肉中夹筋，肥瘦均匀，适宜于红烧、炖、煨等烹调方法。

（9）胸脯　又称“奶脯”，位于腹部。肉层较薄，附有筋膜，一般用于红烧等烹调方法。

（10）米龙　米龙位于尾根部，前接外脊，即臀股二头肌大米龙和半腱肌小米龙，相当于猪的臀尖，其肉质较嫩，可切丝、丁、片、条等，适宜于炸、炒、爆、熘等烹调方法。

（11）里仔盖　又称“底板”，位于后腿紧贴肉皮的一块呈梯形的肉，前后薄，中间厚，相当于猪的坐臀肉。该肉上半部肉质较嫩，下半部稍老，肌纤维较紧密。可切丁、丝、条、片、块等，一般可用于炒、炸、熘等烹调方法。

（12）仔盖　仔盖位于元宝肉与里仔盖左右相连处，相当于猪的黄瓜条肉。肉质细嫩，用途与米龙相同。

（13）后腱子　后腱子在牛的胫骨周围，即牛后膝下部，蹄的上部。后腱子肉肌肉紧凑，肉质较老，筋腱较多，适于酱、煮、烧等烹调方法。

3. 羊的分档取料（图3-3）

羊肉的分档取料，与猪牛类似。现将羊的部位和用途概述如下：

（1）羊头　筋、皮、骨多，肉少，适合于酱、煮等。

（2）羊尾　绵羊尾脂肪较多，没有瘦肉，质感肥腻，膻味浓烈，适合于炒、爆、炸等；山羊尾皮多肉少，质感肥腻，则适合干烧、卤、酱、白煮、炖汤等。

（3）颈肉　也称脖肉。筋多质老，结缔组织多，适合于烧、煮、酱、炖、卤等。

（4）前腿　包括前胸和前腱子的上部。前胸中胸口肉肥瘦相间，质感脆嫩，适合于炒、氽等；其他部位肉质较差，适合于烧、卤、酱、煨等。

（5）前腱子　色红筋多，肉质老硬，适合于卤、酱、烧、炖、焖等。

（6）脊背　包括里脊，外脊等。里脊位于脊椎骨后端，紧靠脊骨的肉，长条状，纤维细长，是羊肉中最嫩的一块肉，外面包着筋膜，使用前剔去筋膜，用途很广。炸、熘、爆、炒、煎等都适宜。外

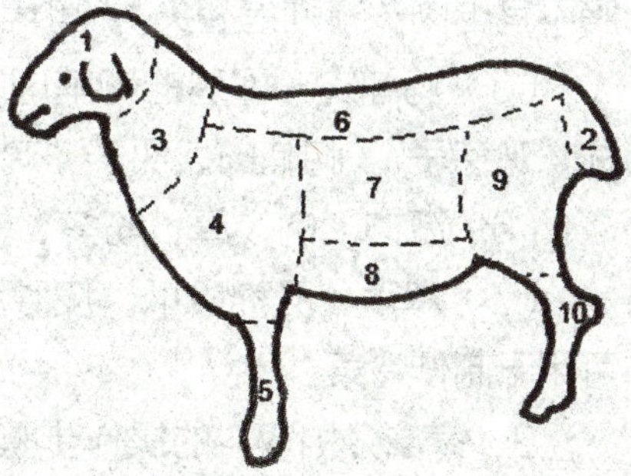

图3-3　羊的分档取料

脊位于脊椎骨的外面，长条状的肉，外面有一层坚硬的筋，纤维斜而细嫩，在羊肉中，肉质最好，用途很广。

（7）肋条　又称羊肋、方肉。肋条肉位于肋骨外侧，去掉肋骨即为肋条，板形，外部包有一层薄膜，肥瘦混合，质地松软。适于扒、烧、焖和制馅等。

（8）胸脯　前部肥多瘦少、无筋膜，性嫩脆，适合于烤、爆、炒、烧、扒、焖等，后部（肋骨的后端，常弥腰窝）肥瘦相间，类有筋膜，肉质较老，适 合于卤、酱、烧、炖等。

（9）后腿　比前腿肉多而嫩。位于臀尖的肉称大三岔（或称大三叉，一头沉）羊尾巴根的前端，肉质松嫩，肥瘦参半，上部有一层夹筋，剔去筋后都是嫩肉，适合于炒、煎、炸、汆、烩、烤、涮等。位于腿内侧裆部的肉称磨裆肉，形如碗状，肥多瘦少，纤维交错，形状如碗，肉质粗松，其肉较肥，边上有薄筋，适合于烤、炸、爆、炒等。其他部位的肉如黄瓜肉、元宝肉等，肉质较嫩，用法同脊背肉。

（10）后腱子　肉质和用途与前腱子相同。

（二）禽类的分档取料及操作步骤

1. 家禽的分档取料

鸡、鸭、鹅等禽类原料的骨骼结构及肌肉组织结构基本相同，现以鸡为例介绍家禽的分档取料（图3-4）。

图3-4　鸡的分档取料

（1）鸡头　主要是骨骼，肉少，含胶原蛋白质丰富，可用于制汤、卤、酱。

（2）鸡颈　主要是皮，皮下含有淋巴（食用时应去除），皮韧而脆，肉少而细嫩，可用于制汤、煮、卤、酱、烧等。

（3）脊背　是鸡背部两边各有一块形态像板栗的肉，俗称“栗子肉”，此肉不老不嫩、无筋，可用于爆、炒等用。

（4）鸡翅膀　俗称“大转弯”，分三个部分，靠近鸡身的为鸡根、翅中、翅尖，鸡翅膀不宜出肉（特别是翅尖），可用于酱、烧等。

（5）鸡脯肉　即鸡的胸脯肉，其中紧贴胸骨有两条肉，是鸡身上最细腻的部位，俗称“鸡芽子”。胸脯肉仅次于“鸡柳”，多用于爆、炒、熘或制蓉。

（6）腿肉　肉较厚、筋多、较老，一般用来切丁、斩块，可用于烧、炖、焦熘等。

（7）鸡爪　又称凤爪，皮厚筋多，含胶元蛋白丰富，可用于制汤、酱、卤、烧；也可用于制作冷菜。

2. 家禽分档取料的操作步骤（以鸡为例）（图3-5）

（1）背脊部分　鸡皮紧包着背椎骨，生鸡通过拆卸后，鸡皮都被鸡腿和鸡脯带走，

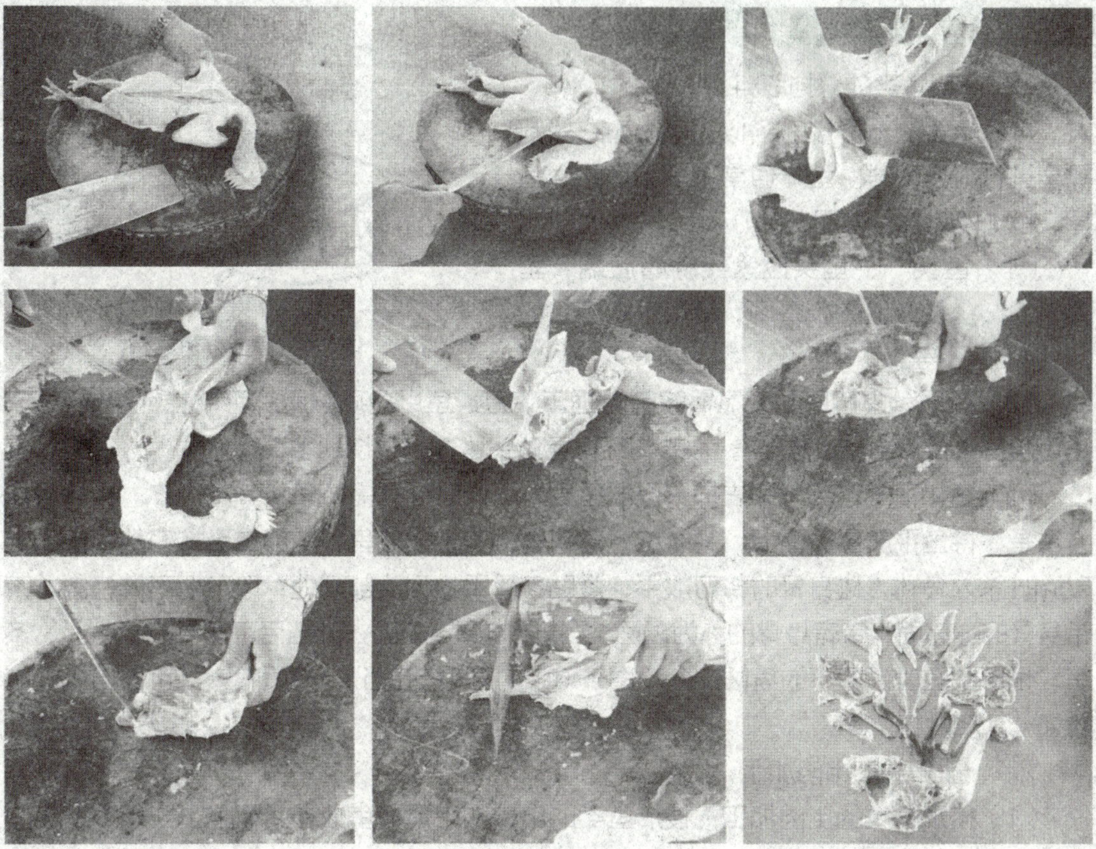

图3-5　鸡的分档取料图解

往往只剩下骨架，鸡骨架肉质较少。

（2）腿肉部位　取腿肉时，用刀沿腿腋割开皮肉，随即用刀跟紧贴在臀部骨的顶端割破筋膜，使骨头露出，再将腿弯处骱骨的筋割断，用刀跟揿住鸡身，将腿向里拉就卸下来了。然后将鸡翻一个身，用同样的办法取下另一鸡腿。出大腿骨时先将腿肉割开，露出骨头，在膝盖处将骨割断（即用刀割断股骨与胫骨接头处筋络）刮净骨上的肉便可拉出。

（3）胸脯部分　两只鸡腿卸下后，从鸡颈处用刀顺脊背划一刀至尾部（鸡太老时可从颈部锁骨处下刀沿着龙突骨一侧划一下，以便拉下鸡脯），然后在翅膀与鸡身骰骨处割一刀，将筋割断，将鸡头朝外，右手持刀用刀跟揿住翅关节，左手抓住鸡翅向后用力拉，半边的胸脯肉就可取下。再用同样的方法卸下另一边胸脯肉。鸡脯肉很嫩，宜于切片、丝等。卸下胸脯后可以看见，龙突骨的两侧各有一条牙肉（谷称鸡芽子），可用刀将连在骨上的筋划断，将肉取下，此肉是鸡身上最嫩的部分，是切片，制馅的上好原料。

（4）鸡翅膀　翅膀是和鸡脯同时卸下的，翅膀一般不宜出骨（有的肥嫩翅膀也可出骨取肉）。

（三）水产品的出肉与分档取料

1. 一般鱼类的分档取料

一般鱼类的体形较为相似，烹调时一般都需要进行分档取料。鱼体通常可分为鱼头、鱼尾、鱼中段三部分（图3-6）。

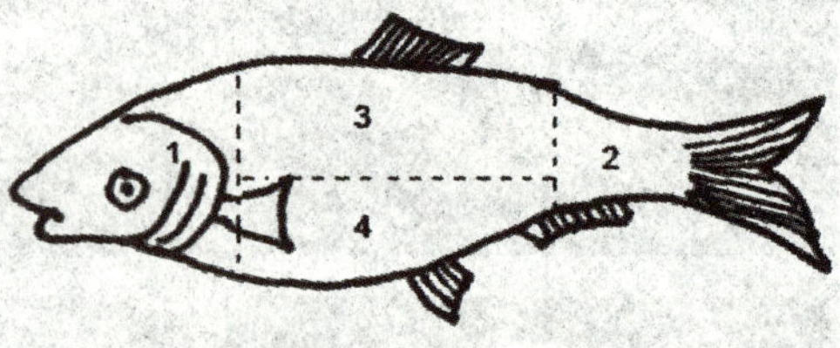

图3-6 鱼的分档取料

（1）鱼头 下鱼头应紧靠胸鳍后端，垂直下刀。鱼头一般肉少骨多，常用于煮汤，如“砂锅鱼头”等。

（2）鱼尾 去鱼尾要紧靠臀鳍前端垂直下刀。鱼尾肉质鲜嫩，可单独红烧或煮汤，也可与鱼头合用制作风味佳肴，如：“红烧青鱼头尾”、“红烧划水”等。

（3）鱼中段 这部分即去掉头尾的鱼身，烹调时通常需将鱼身一剖为二。具体操作方法是：将鱼平放置砧墩上，头向左，背朝里，左手按住鱼，前部右手持刀从尾部约上6cm处杀入鱼体，碰身骨时将刀放平，紧贴身骨平片到头部鳃处，取下两面的鱼肉（不带身骨的称软面，带有身骨的称为硬面）。中段肉厚，软面去肚档后可切片、丁、丝、条等，也可制鱼蓉。取下的鱼腹部分（图3-6中的4即鱼肚档），肉质肥嫩，可做出风味菜肴如“红烧肚档”等。

2. 一般鱼类的出肉加工

（1）棱形鱼类的出肉加工 棱形鱼类的出肉加工是把鱼放在案板上，头朝外，鱼腹朝左，用片刀在鱼的背部沿着背脊骨横片进去，片下腮后到鱼尾的肉，然后再片另一面。这样，鱼的头、尾、背骨就和鱼肉分离，留出两片连皮的鱼肉。然后再把一片连皮的鱼肉放在案板上，皮朝下，用片刀从中部切到鱼皮为止，然后沿皮斜刀片下鱼肉；另一端鱼肉也用同样的方法片下。另一片鱼也用此法片下净肉。

一条整鱼已分解为鱼肉、鱼皮、鱼骨、鱼头、鱼尾五部分。鱼肉细而嫩，可切成片、丁、段、块等，用作炸、炒、爆、煎的原料，鱼皮可制馅，鱼骨、鱼头、鱼尾可煮汤配菜。

（2）扁形鱼类的出肉加工

以鲳鱼为例，先将鱼头朝外，腹向左平放在菜墩上，顺鱼的背侧线划一刀直至脊骨，再沿着刺骨批进去，直到腹部边缘，然后将一面鱼肉带皮取下，再将鱼翻过来，用同样的方法，将另一面鱼肉取下。这类鱼肉体形较薄，一般适用于整片煎、炸等。

（3）长形鱼类的出肉加工

① 鳝鱼生出骨法

用刀将鳝鱼从喉部至尾部的腹部剖开，去内脏，洗净抹干，再用刀尖沿脊骨剖开一长口，使背部皮不破，然后用刀铲去椎骨即成鳝鱼肉。鱼肉可制作“炒蝴蝶片”、“生爆鳝背”、“炖鳝酥”等。

② 鳝鱼熟出骨法

先用锅将清水烧沸，加入盐、醋、葱、姜、黄酒，然后倒入活鳝鱼，迅速加盖，烫至鳝鱼的嘴张开，捞出用清水洗净。放在墩面从腹部下刀划开，背部完整的“单背划”，背部划成两条的叫“双背划”。

3. 虾的出肉加工

常见的虾类主要有海虾和河虾两种。海虾以对虾为代表，河虾一般产在淡水江、湖、河、塘、池中。现将其初步加工方法分述如下：

对虾：首先剪去虾的须爪，剥去外皮，再取出虾头部的沙包和脊背部的沙线，用凉水洗净即可。

青虾：首先把青虾用凉水洗两次，把虾内的泥沙和杂物洗净，再进行出肉加工。出虾仁一般采用挤的方法，一手捏住虾的头部，一手捏住尾部，将虾肉向颈部捏挤，虾肉即脱壳而出。但挤出的虾肉，只有虾身，没有虾头。对较大的虾，则用剥的方法。剥的速度虽然慢些，但肉形完整，出肉率高。虾仁出好后，应用清水加盐洗净，沥干后存放冰箱备用。

4. 蟹的出肉加工

出蟹肉亦称出蟹粉。出肉前先把蟹煮或蒸至壳呈红黄色。出肉时分为腿、螯、脐、身四个部位处理（应注意死蟹会变质有毒，不宜食用）。

出腿肉：蟹腹朝上，头朝外，用手向前扳下蟹腿，剪去两头。可利用擀面杖在蟹腿上挤压，即可挤出腿肉。

出螯肉：扳下蟹螯，先用刀轻拍破壳，再剥掉壳，肉即取出。

出蟹黄：扳下蟹脐，挖下小黄，再剥去蟹壳（蟹的背甲），挖出蟹黄即可。

出身肉：整只蟹除去腿、螯、背、脐后，即为蟹身。用刀将蟹身片开，再用尖刀剔出蟹肉。

5. 贝壳类的出肉加工

（1）鲜贝　摘去鲜贝黄和脐（靠一边的硬筋），用凉水洗净即可。

（2）鲜鲍鱼　将鲍鱼去掉硬壳，用凉水洗一次，摘掉鲍鱼的边缘，用凉水洗净即可。

（3）鲜海螺　将海螺由壳内抠出，用刀把海螺盖处的皮切去，摘去螺黄及硬肉，再用凉水洗净。

任务2 整料出骨

任务驱动

1. 整料出骨的意义
2. 整料出骨的操作要求和方法

知识链接

一、整料出骨的意义和作用

为了烹制出原料精细、造型美观的菜肴，往往要将鸡、鸭、鱼等整只原料，进行整料出骨。所谓整料出骨，是剔出整只原料中全部或主要骨骼，而基本保持原料原有完整形态的一项加工技术。

整料出骨的作用可以从如下三个方面予以体现。

1. 提高菜肴价值，展示精湛厨艺

利用鸡、鸭、鱼制作的菜肴难以数计，其价值各不相同，同样的原料烹调出的菜肴，价值高低除了取决于辅料和调料的贵贱之外，再就是决定于工艺的难易程度。加大工艺的复杂性和技术的难度是提高菜肴价值的重要手段。整料出骨是一种工艺性较强、技术难度较大的原料加工技术。通过整料出骨制作的菜肴不仅可以在去掉骨骼后填入其他原料，达到营养的互补，提高营养价值，还能充分展示厨师的刀工技艺。

2. 促进形态美观，便于食用

经整料出骨的鸡、鸭、鱼等，由于去掉了坚硬的骨骼，使躯体变得柔软，便于改变形态，制成有象征性的精美菜肴，如荷包鲫鱼、花篮鳜鱼、葫芦鸭子等。去掉骨骼还可免去食用者吐骨的麻烦。

3. 便于加热成熟，易于原料入味

鸡、鸭、鱼的完整组织形态，对热能向内部的传递和调料向原料内部的扩散及渗透，都有一定的阻碍。通过整料出骨，虽然原料外形仍保持完整，但其内壁组织却遭到了较大程度的破坏，这无疑会促进成熟，利于入味。这一作用在原料内腔填满辅料和调料时更为明显。

二、整料出骨的操作要求

（1）选料必须精细　凡用整料去骨的原料，必须选用肥壮多肉，大小老嫩适宜的原料。鸡要选用生长一年左右，尚未开始生蛋的。鸭应当选用8～9月的肥壮母鸭。整鱼出骨以选用 500～700g重的、肉质肥厚的鱼为好，如鳜鱼、鲤鱼、鲭鱼、黄鱼等。用于整鱼出骨的鱼必须是新鲜鱼或活鱼，否则出骨后不易成形。

（2）初步加工必须认真　鸡、鸭烫毛时，水的温度不宜太高，烫的时间不宜太长，否则去骨时皮易破裂。鱼类在刮鳞时，不可碰破鱼皮，以便保证整鱼出骨的质量。

（3）去骨必须谨慎，且下刀准确　要注意不能破损外皮，选准下刀的部位，做到进刀贴骨，剔骨不带肉，肉中无骨。

由于当前科技水平的发展，机械化生产程度的不断提高，多已被现代化生产所代替。烹饪所需要的原材料有些已加工成半成品。不需要我们再进行“出肉”或“分档取料”，然而从事烹饪的新老技术人员，了解这些知识，掌握这些技能，还是非常必要的，是不能忽视的。为了继承、发展和开拓我国烹饪技能，更离不开烹饪工作者灵巧的双手。这是机械化所代替不了的，至少现阶段还是如此。

三、整料出骨的方法

（一）鸡的整料出骨方法及关键

家禽中以鸡、鸭等比较适合于整料出骨。它们的肌体组织构造非常相似，所以出骨的方法和关键大同小异。下面以整鸡出骨为例。

1. 整鸡出骨的方法（图3-7）

（1）划破颈皮，斩断颈骨　首先在鸡颈右侧，翅肩上约两寸处划一直刀口，长约两寸，再把刀口用手撑开，去掉气、食二管和食囊，然后将颈骨从刀口处拉出平放在砧墩上，用刀在靠近鸡头处（宰杀刀口处）斩断。要注意刀尖，不要碰到颈皮，也不能将原刀口撕大。

（2）去翅骨　斩断颈骨后，将鸡尾部朝下，从颈部刀口处将皮翻开，使鸡头下垂，连皮带肉用手缓缓向下翻剥，到两个翅膀的关节（骱骨）露出后，用刀将连接翅关节的筋腱割断（割时刀贴骨），使翅膀与鸡腔骨脱离，再将翅骨抽出（翅骨有粗细两根），于翅膀的转弯处斩掉。

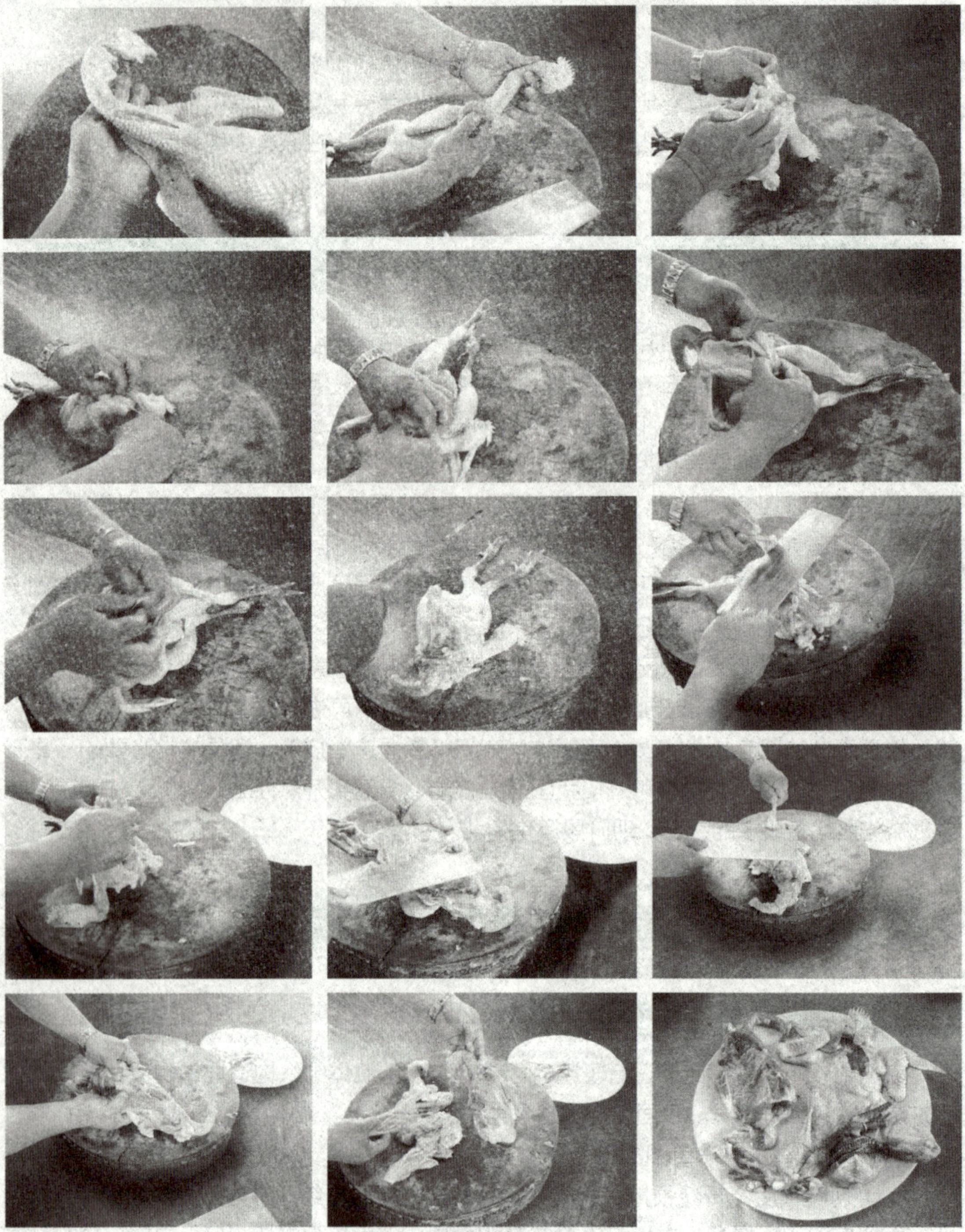

图3-7 整鸡出骨图解

（3）去身骨 翅骨剔出后，将鸡的胸部朝上，平放在砧墩上，一手拉住鸡颈，一手按住鸡龙突骨，向下按一按，把突出的骨略为压低一些，以免下翻时骨尖戳破鸡皮。然后将皮肉继续向下翻剥，当剥到背部时（背部肉少皮薄，要防止拉破），要一手拉住鸡颈，一手拉住鸡背部的皮肉，轻轻翻剥，如遇到皮骨连得较紧，不易剥下时，可用刀在皮和骨之间轻轻划割，再行翻剥。剥到腿部则应将鸡胸朝上，一手执左大腿，一手执右大腿并用拇指板着剥下的皮肉，将两腿向背部轻轻掰开，使股骨关节露出，用刀将连接关节的筋腱割断，使鸡的股骨与身骨脱离，再继续向下翻剥，直剥到肛门处，把鸡尾椎骨斩断（注意不可割破尾部的皮），鸡尾仍应连在鸡身上。这时除后腿骨外，鸡身的全部骨骼均与皮肉分离。骨骼取出后（内脏仍包在身骨中），再将肛门处直肠割断，洗净肛门中的粪便。

（4）出后腿骨　首先将腿皮翻开，顺胫骨至股骨沿骨用刀尖在腿肉上划一刀口，刮净骨上端，左手抓住腿肉，右手拉取下股骨。取胫骨时先将胫骨靠近跖骨用刀背敲断，或用刀跟斩断（注意不可碰破腿皮），像取股骨一样取下的胫骨，再将鸡腿皮翻转上来。

（5）翻转鸡皮　完成上述步骤后，用清水将鸡肉洗净，再翻过面来，使鸡皮朝外，鸡肉朝里，从外观上看，仍然是只完整的鸡。

2. 整鸡出骨的技术关键

整鸡出骨，既要将鸡身体内所有骨骼全部去尽，又要保证鸡的表皮完好无损（颈部的正常刀口除外），是一项要求较高、难度较大的原料加工技术。要掌握此项技术，关键要注意如下几个方面。

（1）选用原料　鸡的大小、肥瘦、老嫩等均对整鸡出骨的操作有所影响。鸡体过大或过小，过肥或过瘦，过老或过嫩，都不利于出骨，轻则增大出骨的难度，重则难以进行整鸡出骨。一般选用生长约一年，尚未生蛋的肥壮母鸡（俗称仔母鸡）较为适合。（鸭，选用重约1.5kg的肥壮母鸭）。这种母鸡个体大小适中，质地不老不嫩，而且皮肤的弹性较足，韧性较强，去骨时不易撕裂，烹调时不易胀破，这与鸡体内结缔组织的含量及强度有关。

（2）处理原料　在整鸡出骨之前，将鸡进行恰当处理是十分必要的。对于初加工而言，关键在于处理是否恰当。一般应做到：宰杀时放尽血液，以免鸡的皮下遭其污染，影响成菜质量；烫毛时水温和时间适度，以防鸡的表面发脆，在褪毛和出骨时破裂。对于刚宰杀的活鸡，要么在宰杀后15min内出骨，要么就应冷藏一段时间后再出骨。因为动物死后身体都会发生尸僵（或称僵直）、成熟（或称后熟）、自溶等几个阶段变化。活鸡经宰杀后不久便会进入尸僵阶段，鸡身由柔软变得僵硬，鸡皮发脆，不宜出骨。进入成熟阶段后，鸡的躯体又变得柔软而有弹性，这正是出骨所要求的。然而从尸僵转入成熟，在自然条件下所需时间较长，宰后速冻有助于缩短鸡的尸僵期。此外，在动刀进行整鸡出骨之前，最好用手将鸡的腿、翅膀及身体揉捏一下，使鸡体变得更加柔软，以利于出骨加工。

（3）出骨操作　整料出骨要达到预定的质量要求，操作技巧的运用特别重要。行刀操作时注意下刀准确，只割断肉骨相连的筋膜；力度适当，该轻就轻，该重就重；刀法正确，紧贴骨骼进行剔刮；用刀灵活，根据出骨过程中不同情况下的需要，刀跟、刀尖、刀刃（中刃）、刀背交叉变换，综合运用，另外还要注意刀和手的协调配合和交替使用。该用刀时则用刀，该用手时则用手，总而言之，整料出骨的操作应做到：在保证质量的前提下，整个动作应熟练准确，步骤简单明了，注意轻重缓急，起伏连贯，具有节奏和韵律感。

（二）鱼的整料出骨

整鱼出骨的操作过程较之整鸡出骨要简单一些。出骨方法主要有鳃出法、背出法等。

1. 鳃出法

将鱼洗净，去鳞、鳃、鳍后，从鳃部取出内脏，擦干水分。将鱼平放在菜墩上，掀起鳃盖，把头与龙骨连结的部位斩断（勿把肉和皮切断），再用整鱼出骨刀，从鱼鳃中伸进鱼体内，紧贴鱼刺慢慢向鱼尾推进，便于刺和鱼肉分开，先处理腹部，再处理背部，然后将鱼翻个面，用同样的方法，使另一面的鱼刺和鱼肉分开。再从鱼尾处将尾骨敲断，注意不要敲破皮（即鱼尾通过鱼皮与鱼肉仍连接着），并从鱼鳃部轻轻取出鱼刺。

此方法的优点是能够保持鱼体表皮的完好无损，适合于制作高档菜肴，如江苏名菜三鲜脱骨鱼等。缺点是所出骨的鱼不宜过小或过大，一般重量在600g左右。鱼过大时骨刺较硬，不易取出。

2. 背出法

背出法是一种较常用的整鱼出骨的方法。操作时分两步进行。

（1）出脊椎骨　将鱼去鳞、鳃、鳍后，平放在菜墩上，鱼头朝外，鱼背朝右。左手按住鱼腹，右手用刀紧贴着鱼的脊椎骨上部片进去，从鳃后到尾部，片开一条刀缝，然后将按住鱼腹的左手向下掀一掀，这条缝口便张裂开来，再从缝口贴骨向里片，片过鱼的脊骨椎，并将鱼的胸骨与脊椎骨相连处片断（片时不能碰破鱼腹的肉）；当鱼身的脊椎骨与鱼肉完全分离后，将鱼翻身，使头朝里，鱼背朝右，放置在墩上，再用同样的方法使另一面鱼肉与脊椎骨。完全分离；然后从背部刀口处将脊骨拉出，在靠近鱼头和鱼尾处将肯椎骨斩断，鱼身体的整个骨架就基本取出来了。此时鱼头尾仍与鱼肉连在一起。

（2）出胸肋骨（刺）将鱼头上背右平放在菜墩上，左手从刀口处翻开鱼肉，在被割断的胸骨与脊椎骨相连外，胸骨根端已露出肉外，将刀身略斜，紧贴着一排胸骨的根端横片进去，刀从近鱼头处向尾部拉出，先将近鱼尾处的胸骨片离鱼身，再用左手将鱼尾处的胸骨提起，用刀将鱼头处的胸骨片离鱼身，这样一面的鱼胸骨就全部取下，然后再将鱼翻身掉头，用同样的刀法将另一面的胸骨片去，最后将鱼身合起，外形上仍保持鱼的完整形态。

用此法除骨的鱼，适合于制作瓤馅类鱼肴等。

复习思考题

1. 分档取料与整料出骨意义与作用是什么？

2. 分档取料的关键是什么？鸡、鱼的分档取料方法是怎样的？
3. 叙述猪、羊、鸡的各部位名称及所适应的烹调方法。
4. 整料去骨在选料和技术方面的要求是怎样的？
5. 鸡、鱼的整料去骨方法和步骤是怎样的？

训练课题

训练1　鸡的分档取料（2课时）
训练2　鱼的分档取料（2课时）
训练3　鸡的整料去骨（4课时）
训练4　鱼的整料去骨（4课时）

项目四

干货原料的初加工

学习目标

1. 掌握干货原料涨发的目的、意义
2. 掌握干货原料涨发的方法及要求

学习重点

1. 原料的干制与干料涨发之间的内在联系
2. 掌握干货原料涨发的原理
3. 干货原料的各种涨发方法及常用干货原料的具体涨发方法和步骤

案例导入

近几年，在我国的西安、郑州、内蒙古等地的水产品市场上出现的这些看似饱满透亮的鱿鱼，却是经过了“火碱水”、福尔马林和工业双氧水浸泡处理的毒鱿鱼。食用这种方式处理过的鱿鱼不仅会对人体内脏器官产生极大危害，而且严重的甚至会引发癌症。“干鱿鱼”由新鲜鱿鱼经过加工干制而成，因为蛋白质含量较高，干鱿鱼只能在碱性溶液中才能轻度变性，极大地增强鱿鱼的吸水性，使干鱿鱼体积产生大幅度的膨胀。专家介绍，福尔马林是防腐剂，火碱学名为氢氧化钠，这些都是国家明令禁止的食品添加剂；而工业双氧水是强氧化剂，里面含有较多的铅、砷等有毒物质，食用这种物质处理过的鱿鱼将对人体产生非常大的危害。

案例思考

在选择干货原料的时候，我们如何来鉴别干货原料的优劣？如何采用正确的涨发方法，才能避免以上方法对人体的危害，达到食用安全、健康的目的？

任务1 干货原料涨发

任务驱动

1. 干货原料涨发的目的和意义
2. 干货原料涨发的要求

知识链接

一、干货原料涨发的目的

干货原料是将烹饪原料运用日晒、风吹、烘烤、灰炝、腌渍等干制加工方法，使新鲜的原料脱水干燥而成的干制品。根据干制品的具体特性，干制原料可分为动物性干制品和植物性干制品两大类。

干货原料的复水并不是干燥历程的简单反复。这是因为干燥过程中所发生的某些变化并非可逆。干制原料复水性下降，究其原因是有些细胞和毛细管萎缩和变形等物理变化的结果，但更多的还是胶体中物理变化和化学变化造成的。

由于干料多样性的存在（品种的多样性，同种多品级性，同料干制加工的多样性），在使用不同的涨发方法的情况下，使干料重新吸水、湿润、膨化后再吸水，可回原料的原有的柔软状态，以达到食用的目的。

干货原料的涨发加工就是利用烹饪原料的物理性质，进行复水和膨化加工，使其重新吸水后基本上回复原状，除去异味和杂质，最大限度地恢复其原有的鲜嫩、柔软、爽脆的状态，同时去除原料的异味和杂质，使其合乎食用的要求，利于人体的消化吸收，此过程简称“发料”。

干货原料的涨发就是利用干货原料的物理性质，采用各种涨发方法使干货原料吸水，最大限度的恢复其原有的鲜嫩、柔软、爽脆的状态，同时去除原料的异味和杂质，使其合乎食用的要求。

二、干货原料涨发的意义

1. 作菜肴主料使用，具有特殊风味

干货原料中的山珍海味在烹调中大多作为主料使用。它们在宴席的大菜或主要菜肴中，具有独特的风味特点，形成了许多脍炙人口的名菜，如“红烧大群翅”、“蒜子鱼皮”、“鸭包鱼翅”等。

2. 作菜肴配料使用，具有特殊风格

干货原料涨发后由于其松软、脆嫩、味美等特点，因此在与其他原料组成配合时可形成特殊风格，如“干贝珍珠笋”、“猴头蘑扒菜心”、“香菇炖鸡”等。

3. 作菜肴馅料使用，具有特殊味道

许多干货原料，如干贝、鱼肚、海参、海米等，涨发后可用来作为菜肴的馅料使用，具有独特味道，如“菠饺鱼肚”等。

三、干货原料涨发的要求

干货原料复水后，并不能完全恢复原状。原料的复水性下降有多方面的原因，如细胞和毛细管的萎缩变形，其主要原因是胶体中发生的物理变化和化学变化：新鲜原料失去水分后，盐分增浓和热的影响使蛋白质部分变性，失去其在吸水或与水分子相结合的能力，同时还会破坏细胞壁的渗透性，细胞受损后（受损一般表现为干裂和起皱），在复水时就会因糖分和盐分流失而使持水能力下降，不能达到原有的饱满状态。因此，干货原料的涨发操作是一个比较复杂的过程，要使干货原料达到预期的涨发效果，需做到以下几点：

1. 注意原料的产地和性质

不同地区的同种原料性质各不一样，不同性质原料的涨发要求就不一样。了解干货原料的产地、种类和性质是采用正确的涨发方法的前提。如鱼翅，吕宋黄、金山黄等翅板较大、沙大、质老，涨发时需多次煮、焖、浸、漂，才能煺沙、除腥、回软；而对皮薄质软的一般鱼翅，浸、泡、煮、焖的次数就少些。

2. 准确鉴别干货原料的品质

干货原料的品质有老、嫩、优、劣之分，其受干制方法和保藏等因素的影响，涨发时需鉴别原料的品质，以便取得良好的涨发效果。如咸水鱼翅质地稍软，由于回潮而带卤性；淡水鱼翅质地坚硬；熏板翅涨发时外面沙粒很难除尽，需细心除沙；油根翅易回潮，翅根刀割处的肉腐烂，呈紫红色、腥臭，需浸泡至软去腐肉再行涨发。

3. 掌握程序，认真操作

干货原料不同的涨发方法有不同的涨发程序，有各自的技术要领，每个操作环节紧密相连，如有不慎则前功尽弃，所以必须掌握各种涨发方法的程序，认真操作。如油发蹄筋要掌握好油温，以碱水去油时要掌握好碱度和水温。

任务2 干货原料涨发的方法

任务驱动

1. 干货原料涨发的原理及具体方法
2. 干货原料涨发的注意事项

知识链接

一、水渗透扩散发料法

（一）基本原理

鲜活的动、植物原料体内富含大量的水分。含水分多的原料容易腐败，不易长时间储存。为了较长时间的储存和运输方便，我们把一些适宜脱水干制的原料加工成干料。但这些干料不能直接使用，必须补给水分尽量恢复原状后方可使用。所以用水来浸泡干料，使水沿着原来体内水分蒸发而出的通道进入干料体内。由于水的渗透扩散作用，使干料体积逐渐膨润而变得软韧，基本回复原状，以供烹调使用。

将干料放入水中，干料会逐渐吸水膨胀，质地由坚韧而变得柔软、细嫩或脆嫩、黏、糯、软，以达到烹调加工的要求。用水涨发干料能保持原料中的营养成分不受破坏或少受损失，操作简便，使用面广。

（二）涨发方法

1. 冷水发

冷水发是指把干料放在室温条件下的冷水中，将干料直接静置，使其自然吸收水分，尽量恢复新鲜时软、嫩状态的涨发过程，这种发料方法就叫冷水发。冷水发料的优点是操作简单易行，并能基本保持原料原有的鲜味和香味。

冷水发主要适用于一些植物性干制原料，如银耳、木耳、黄花菜、粉丝等。另一方面冷水发是热水发、碱水发的预发过程，可以提高干制原料的复水率，以避免或缓解某些干制原料的表面破裂和受到碱溶液的直接腐蚀。

冷水发料，一般有浸发和漂发两种涨发方法。

2. 热水发

热水发指用60℃以上的水，将干制原料放入热水中浸泡，使原料加速吸收水分而体积膨胀，是冷水发的继续。热水发的干制原料应先用水浸泡，再把干料放在热水中涨发，使其成为松软嫩滑的全熟或半熟的半成品。

热水涨发主要利用热水的传导作用，促使干料体内分子加速运动，加快吸收水分。热水涨发主要适用于组织致密、蛋白质丰富、体形较大的干制原料。根据干制原料的不同，有泡发、煮发、焖发、蒸发等几种涨发方法：

（1）泡发　泡发是将干制原料置于容器中，用沸水直接冲入容器中涨发的过程。主要适用于粉条、腐竹、虾米和经碱发后的鱿鱼。有时容器需加盖，以保持温度的持久性。

（2）煮发　煮发是将干料放入涨发水锅中，由低温到高温逐渐加热至沸腾状态，使干货原料体积膨胀的涨发过程。此法主要适用于体大厚重和质地特别坚韧的干制原料，如熊掌、海参、牛蹄筋、鱼翅等。煮发时间为10～20min不等。有的时候还需要适当保持一段微沸状态，有的还需反复煮发。

（3）焖发　焖发是和煮发相连并相辅相成的方法。将干制原料加热煮沸，而后置于保温的容器中或换小火保持一定的温度，用热水持久地加热直至发透，这实际上是继煮发之后的后续过程。用煮发的涨发方法发料，加热必须适度、适时，既不能用急火，也不能煮的时间过长（以防止原料外层皮开肉烂，而内部却仍未发透）。所以水的温度要因物而异，一般为60～85℃不等，并且在煮到一定程度时需改用微火，或将锅端离火口，盖紧盖子使温度逐渐下降，让原料由外到里全部涨发透。

（4）蒸发　蒸发是将干制原料放入盛器皿内，加入水或高汤、料酒，置于蒸笼内，加热2～3h，使其涨发的过程。凡不适于煮发、焖发的干料，或者焖发后仍不能发透的原料均可采用此法。蒸发不但可以保持原料的特色风味和形态，还可以增加原料的鲜美滋味。

蒸发主要适用于一些体小易碎或具有鲜味的干制原料，蒸发可最大限度地保持原料的形状和鲜味，还可减少原料中营养成分的流失。对一些高档原料，蒸发可以有效增加原料本身的鲜味和去除其中的异味。如干贝、海米、蛤士蟆油、乌鱼蛋、燕窝、鱼翅等。

热水发料是一种广泛应用的发料方法。应根据原料的性质、品种，采用不同的水温和涨发形式。可采取一次性的形式，也可采取多次反复和不同方法合用的形式。此法加工后的原料已成为半熟、全熟的半成品，经切配后就可烹调成菜，因此对菜肴的质量影响很大。过度涨发则形、质软烂不美观；发不透则僵硬，无法食用。只有掌握好发料的时间、火候，才能获得较好的发料效果。

二、碱溶液渗透发料法

（一）基本原理

碱发是将干制原料置于碱溶液中进行涨发的过程。它是先将干料放入清水中浸泡，蛋白质干凝胶吸水膨润，开始回软，再用碱水浸泡，这样有利于碱水渗透。同时，也可避免原料细胞因碱的浓度过高而使蛋白质变性水解，使原料糟烂溶化。主要适用于一些动物性原料，如鱿鱼、蹄筋等。

（二）涨发方法

1. 碱面（碱粉）发

碱面发是先将干料用冷水或温水泡至回软，再用花刀切成小块并在表面沾满碱面，涨发时先用开水冲烫成形，然后用清水漂净碱分。此法的优点是沾有碱面的原料可存放较长的时间，用多少发多少，随用随发。

2. 碱水发

（1）生碱水　生碱水（又称石碱、碳酸钠）。溶液腐蚀性较弱，适宜于富含蛋白质的原料，方法是将10kg冷水（秋冬可用温水）加入500g的碱面溶化后调和均匀即为5%的生碱水溶液。在使用中还可以根据需要来调节浓度。在浓度较小的情况下，可对燕窝、猴头等高档原料涨发。

碳酸钠溶液在涨发过程中，应将浸泡回软的原料放入碱水中，待涨发到一定程度时，再根据烹调的要求，放入90℃的热水中烫泡，然后将原料放入清水中除去表面的碱分，即可用于制作菜肴。一般用于烧、烩类菜肴的制作。

（2）熟碱水　熟碱水（又称混合碱溶液），它是利用碱和石灰混合后发生化学反应，生成强碱性物质的原理配制。方法：在9kg开水中加入350g碱面和200g生石灰拌和，使其冷却，沉淀后取其清液，即可用于干料涨发。

碱水发在操作过程中要注意以下几点：

① 必须根据原料质地性能确定用碱分量，不能过多。

② 掌握碱水浸发的时间，透身即可。

③ 涨发后必须用清水漂去碱味。

④ 禁止使用有致癌作用等有损身体健康的碱性物质，如烧碱等。

三、膨松吸水发料法

（一）基本原理

膨松吸水发料法指原料投入传热介质（油、盐）中，骤然受热使原料内部聚集在组织空间的水发生汽化，组织内部的压力加大到一定程度，冲破组织外逸，破坏了原料的原始组织结构，使体积膨胀，原料所含的部分油脂排出，使质感膨胀松。主要适用于猪皮、蹄筋、鱼肚的涨发。

（二）膨松方法

1. 油发（油作介质膨松法）

油发又称为炸发，就是用油将干货原料炸透，使其达到膨胀、疏松、香脆的方法。油发干料是通过油的传热，使干料中的结合水受热汽化膨胀和蛋白质胶体颗粒受热后产生膨胀并定型，经水浸润后便可回软。油发需结合碱溶液浸泡和清水漂洗，利用碱的电离作用和脱脂作用脱去油脂，使其清洁干净。油发干货的一般过程是先用温油浸炸，再用热油炸至膨起。食用油经过加温可以达到比较高的温度，一些胶质含量比较大的动物干货原料，如鱼肚、花胶、蹄筋等在较高油温作用下，会逐渐膨胀发大，并且变得疏松香脆，比原来体积增大几倍，用水浸发后，变得松软香滑。油发的关键主要在于掌握好以下几点，其中包括原料落锅油温，浸炸过程的油温和时间，原料捞起的油温，原料涨发的程度等，油温会因原料质地性能不同而有所区别，油温掌握不好，涨发质量便会差，甚至完全失败。油发的操作具有一定的难度。

2. 盐发（盐作介质膨松法）

盐发是将干制原料置于加热的大量盐粒中，使化学结合水汽化，形成物料组织的空洞结构、使之膨胀松脆，再复水成为半成品的涨发方法。盐发的作用原理与油发基本相同，一般可用油发的原料也可用盐发。

在涨发过程中食盐呈全颗粒状，传热没有液态的油脂那么均匀，操作时需要不停翻炒，经常焐、焖。盐发对于货原料的含水量要求不甚严格，受潮回软的也可以涨发。因盐发所需时间较长，允许原料在涨发过程中干燥。

四、其他涨发

过去砂发也是一种涨发方法，但现在的砂发主要是为了物料受热均匀，而非为了使物料的膨化涨发。

在传统的干货原料涨发方法中，有人将碱面发和火发作为两种干料涨发方法。碱面发是指用纯碱腌制浸泡回软的原料，放置待用，需用时用开水冲烫即可。火发是指用明火烧或烤去一些表皮带毛、鳞的干料，如乌参、岩参等。但从它们的操作过程来看，真正使原料恢复鲜嫩松软状态的不是纯碱腌和明火烧，而是开水烫和沸水煮，由此可以看出纯碱腌和明火烧只是对干料涨发前的处理手段，并非真正的涨发方法。

五、干货原料涨发的注意事项

1. 了解干货原料的产地、性能与老嫩、好坏

同一种干货原料，由于产地不同，其质地也有所不同。即使是产地相同的同一干货原料，也有大小、老嫩之分，或因脱水干制方法的不同，使干货原料的性质也有差异。因此，要了解干货原料的产地，善于分辨同一干货原料的不同特点与性质，相应地采取合适的涨发方法，以期收到最佳的涨发效果。

2. 熟悉和掌握干货原料涨发过程的具体操作要求和操作方法

有些干货原料涨发容易，程序简单，如香菇等，浸泡冷水，去伞柄洗净即可。但有些干货原料，涨发加工程序繁复，颇费工夫，如鱼翅涨发要经过反复数次的清水浸，沸水煲，中间又要除沙脱骨，最后还需经过长时间的（㸆）炖，前后要两三天的功夫。且在加热的过程，什么时候需旺火，什么时候应中火、微火，也十分讲究。如果不了解鱼翅涨发过程需经过什么环节，每个环节的具体要求怎样，是不能把鱼翅涨发好的。

干货原料在涨发时，逐步回软返嫩，因此在除污去杂时要小心谨慎，不要破坏原料的原来形体，不要把一些易碎易断的原料弄得支离破碎，凌乱不堪。在浸漂时，还必须注意容器的干净清洁，不能用沾有油腻、污垢的容器浸泡或漂洗，以免影响原料的质量，尤其是对一些名贵的干品，更需认真对待。

3. 干制原料涨发完毕后要妥善保存

保存方法有冰镇法、换水法、阴凉保存和通风保管等方法。保存方法不当会造成原料的损失。

任务3 干货原料涨发实例

任务驱动

各类干货原料涨发实例

知识链接

一、植物性干货原料的涨发实例

（一）香菇

香菇营养丰富，味道鲜美，将香菇放在容器内，倒入60~70℃热水，加盖焖2h左右，然后用手顺一个方向搅动，使菌褶中的泥沙脱落，片刻后，将香菇轻轻捞出，原汁水滤去杂质留用。

注意事项：吸水要充分，体形完整，无杂质，整体回软，无硬茬。

（二）木耳

将木耳（包括黑木耳、银耳）放在盛器内，加冷水浸泡2~3h，使其缓慢吸收水分，待其体积膨大后，用手掐去其根部及残留的木质，然后用水反复冲洗，双手不断挤捏，直到无泥沙时即可。

注意事项：吸水要充分，体形完整，无杂质，色泽要黑亮。

（三）莲子

将莲子倒入碱开水溶液中，用硬竹刷在水中搅搓冲刷，待水变红时再换水，刷3~4

遍，莲子皮脱落，呈乳白色时捞出，用清水洗净，滤干水分后，削去莲脐，用竹签捅去莲心，洗净加清水上笼蒸15~20min，换清水备用。

注意事项：注意蒸发的时间，做到酥而不烂，保持原料外形完整。

（四）竹荪

干竹荪涨发时用热水浸泡3~5min，捞出放温水中加少许碱浸泡，去净杂质，漂洗干净备用即可。

注意事项：涨发的竹荪要色泽洁白，成形完整。

（五）虫草

先将虫草放在盛器内，用冷水抓洗两遍，洗去灰沙，然后，拣去杂草，放在小碗里，加入葱、姜、料酒、清汤或水，上笼蒸约10min，等到虫草体软饱满，即可取出待用。

注意事项：虫草涨发要彻底，无杂质、无残缺、形态完整。

（六）口蘑

口蘑分为口丁、口片、口蘑三种。口丁是较小的蘑菇，白色，伞顶未展开，质量较好；口片是已经展开的大口蘑干片，以无梗、色泽白中带黄，只形整齐者为上品；口蘑是原只蘑菇，质量和口片大体相同，由于带梗，涨发性较差。

① 口蘑用水洗净，抠去老根，放盆内，添水上笼，蒸10min，捞在开水中养住，原汁留用。

② 将口蘑先在冷水中浸泡半小时捞出，用刷子刷去菌伞和菌柄上的泥沙，再用剪子将菌根剪去。用清水洗净，放在温水中浸泡，浸泡后的汁不要扔掉，澄清后去掉沉淀物可以使用。

注意事项：用温水浸泡时，水不宜太多，否则会影响口蘑的原味。

（七）猴头菌

猴头菌的涨发方法是先用冷水浸软，再用开水泡1~2h，放在清水中剥去老根，切成厚片，每片上须带上猴毛，并用清水煮透，换水再煮，如此三、五遍去除苦味。然后放在盆中加少许葱段、姜片、料酒和鸡肉、上汤上笼蒸1~2h备用。用时再切成小形的片或块即可。

注意事项：涨发猴头一定先用温水把它泡至回软，洗净砂质，再换水煮至涨透，然后把涨透的猴头去掉根蒂和长毛 。

（八）冬笋

将冬笋用淘米水浸泡10h左右，取出洗净入冷水锅煮沸，然后原汤浸焖直至水凉，待其变软后取出，切去老根。洗净入冷水锅中煮沸浸泡，这时如有泡好的应挑出，剩下老硬的还需继续煮焖，直到全部涨发好为止。

（九）海带

先将海带用冷水浸发半小时，然后用细毛软刷边刷边冲洗，刷去白色的灰沙和盐，再放在盛器内，用热水泡发10min，然后将已发透的海带取出，倒入少许米醋，捏擦海带表皮，使表面黏液浮起，最后用清水反复冲洗干净即可。

注意事项：海带涨发时要避免涨发过度，以免引起海带爆皮破碎。海带的涨发率是700%～800%。

二、动物性干货原料的涨发实例

（一）蹄筋

蹄筋的涨发方法有多种，如油发、水发、水油混合发及盐发等

1. 油发

油发是将蹄筋放入冷油或温油锅中，油量宜多。将油温逐渐升高，同时用手勺不断搅动待蹄筋漂起并有气泡产生时，将锅端移火口，用余热焐透蹄筋。待蹄筋逐渐缩小，气泡消失，再继续加热，可反复几次。待全部涨发、松脆膨胀后捞出沥干油，放热碱液中浸泡15s左右，捞出用温水漂洗干净即可。油发蹄筋涨发率高、时间短，但口感稍差些。一般1kg干货原料可涨发成4～5kg湿料。

2. 水发

水发是将蹄筋用淘米水浸泡稍软，捞出后放在沸水盆中，继续浸泡数小时至回软捞出，再放入盆中，添加鲜汤、姜片、葱段、料酒，上笼用旺火沸水较长时间蒸至无硬心即成。水发蹄筋色白，口感糯、韧，弹性足，但涨发率较低，存放时间较短。一般1kg干货原料能够涨发成2～3kg湿料。

（二）蛤士蟆油

蛤士蟆亦称中国林蛙，肉体和蛤士蟆油（雌蛙输卵管的干制品）是两个食用部分。

蛤士蟆油主要采用蒸发的涨发方法。用时先将蛤士蟆油用温水洗去泥沙并浸泡3～4h，取出橘子瓣状的蛤士蟆油，放入容器加清水（水量以能淹没蛤士蟆油为准，上笼蒸到完全膨胀发软呈棉花瓣状取出晾凉即可）。

注意事项：蛤士蟆油涨发后的体积要达到原体积的5倍。

（三）燕窝

燕窝也称燕菜，为高级烹饪原料和滋补品，其涨发分四个步骤。

1. 沸水软泡

将燕窝用沸水浸泡发软，再用温水漂洗干净。

2. 拣毛

把洗好的燕窝放入冷水中，使其自然漂浮，用小镊子仔细拣净其中绒毛，再换冷水浸泡。

3. 提质

提质是燕窝涨发的关键步骤。将浸泡的净燕窝放入容器内加入碱粉和沸水焖至水转凉，使其迅速涨发（体积增大三倍），以手捻着有柔软滑嫩之感、不发硬为标准。通常15g燕窝加碱粉3g、沸水750g。

4. 漂洗

将提好质的燕窝用冷水漂洗两次，去掉碱分、涩味即成半成品。

注意事项：发制燕窝时，应控制好水温与发制时间，要经常检查，视季节和燕窝质地加以调节，以防发不透留有硬心，或发的过度而导致溶烂。发好的燕窝应尽快使用。涨发燕窝的水与工具、器皿都要清洁，不可沾有污物，否则影响质量，择毛时最好盛入白色盆内便于操作。

（四）鱼翅

鱼翅类同于海参，不同产地和质地的鱼翅视翅老、大、厚和嫩、小、薄的不同，发料流程有所不同。前者以老黄翅（金山黄、吕宁黄、香港老黄）为最老；后者以小包装散翅为典型代表，但总体上是反复水发结合煮发。

（1）老黄翅　首先将鱼翅剪边，冷水浸泡12h左右，使之回软，换水用小火先煮后焖约2h左右，取出，刮洗翅沙，边刮边洗，如除不尽沙，可用开水焖至沙粒大部分突起时再刮洗，转换清水，小火焖4～6h，至翅根部涨开取出，除根、割腐肉，换水继续焖1h左右，至鱼翅粘糯，分质提取，洗净浸泡于清水中待用。

（2）小包装散翅　先洗去浮尘，用85～90℃热水泡发1h，换清水加热，先大火上汽，再用中火蒸发2h左右，洗净浸泡于清水中待用。

注意事项：鱼翅在涨发时应注意，涨发前，必须将鱼翅的大小、老嫩分开，以便分别处理，防止嫩的发烂、老的发不透；忌用铜、铁或带有碱、盐、矾、油等物质的容器盛装，以防污染鱼翅造成黑迹黄斑，影响质量；发好的鱼翅不能放在水中浸漂过久，以免发臭变质。

（五）海参

海参的品种较多，质地差别很大，涨发方法也有所不同。目前，行业上以水发为常见，有些地区也使用油发、火发。

海参一般是水发、泡煮相结合，不同品种和质地的海参具有不同的涨发特性。如红旗参、乌条参、花瓶参等皮薄肉嫩型的海参，应少煮多泡；而大乌参、岩参等皮坚质厚型的海参，需先用火烤，再采用少煮多焖的方法。其具体涨发过程分别是：

（1）皮薄肉嫩型 先用开水泡12h，换一次开水，待参体回软时，剖腹去肠杂，洗净，放入开水锅煮半小时，原水浸泡12h，另换水烧开5min，仍原汁浸泡，如此两三天即成。

（2）皮坚肉厚型。先放在火上将参外皮均匀烤焦，然后刮除焦皮，见到深褐色的肉质即止。浸泡于冷水中至软，再放入冷水锅中烧开，改用小火保温焖2～3h取出，剖腹去肠及韧带，洗净后放入锅中，加清水烧沸后焖2h左右，捞出，换清水再烧沸后焖至充分涨发，捞出，撕去腹膜，刮去表面黑衣，洗净后置于冷水中浸泡待用。

注意事项：海参发成后，应饱满、滑嫩、两端完整、内壁光滑、无异味。涨发海参时应注意，一是确保清洁，发制过程中和发好后都不要沾到油、盐、酸、碱；二是剖腹去肠杂时，不要碰破腹膜，注意保持形体完整；三是涨发时勤换清水，以去除不良异味。

（六）鲍鱼

鲍鱼的涨发有水煮、水蒸法和碱水发两种。

1. 水煮、水蒸法

先将鲍鱼用冷水浸泡12h，刷去污垢并洗净，然后放入冷水锅内焖4～5h，直至发透，以回软用手捏动无硬心为好。也可将温水浸泡回软刷洗干净的鲍鱼，放入锅中加鸡骨、葱、姜、料酒和水，蒸4～5h即可。一般1kg干鲍鱼可涨发成2～3kg湿料。

2. 熟碱水发法

将干鲍鱼用温水浸泡回软、无硬芯时取出，去杂质洗净，用刀平片两三片（注意保持形体完整相连），放入熟碱水中浸泡，每隔一小时轻轻搅动或翻动一次，待鲍鱼表面光亮，内部已透明时捞出，漂洗去碱味，换清水浸泡备用。如有未发透者可再投入熟碱水里重复操作一次。熟碱水配制比例：生石灰块50g，纯碱100g，加沸水250g搅匀，待溶化后，加冷水250g搅匀澄清，取清液使用。

注意事项：鲍鱼在发制时要注意季节和质地，夏季碱水浓度宜低。老硬者泡发时间可长些。

（七）鱼皮

鱼皮等海味干料采用水发法，一般是先浸泡回软，入冷水锅烧开煮15min左右，见皮已经脱沙即可取出，转放温水桶中焖6～8h，捞出后里外刮洗干净，放入开水锅中煮开，再小火焖1h左右，捞出放清水中浸泡待用。

注意事项：鱼皮涨发时要掌握好涨发时间，并要了解原料自身的性质和特点。

（八）鱼肚

一般可用油发、水发、盐发等几种方法，当补品食用的以水发为好，作菜肴的宜采用油发或盐发（因水发易致肉烂，下锅后容易糊化）。

油发鱼肚时要根据鱼肚个体大小，厚薄程度不同确定油温高低与涨发时间的长短。

体大质厚的先放入温油锅内，用小火浸焖1～2h，待其由硬变软时捞出剁成小块后再下锅。下锅后改用旺火，逐渐提高油温，并不断上下翻动，直至涨大发足、松脆为止。体小质薄的鱼肚，可用温油下锅，逐渐加热。待开始涨发时再上下翻动，使其均匀受热、里外发透。将发好的鱼肚用温碱水洗去油腻，用冷水漂洗四五次即可。一般1kg干鱼肚可涨发成3～4kg湿料。

注意事项：鱼肚由于有厚有薄、质量不一，操作时关键在于火候，一定要小火温透，随质地种类不同加热时间也不同。

（九）鱿鱼

干鱿鱼和干墨鱼的涨发原理与操作均相同，一般采用碱水发、碱粉发两种。

1．碱水发

将鱿鱼（或墨鱼）放入冷水中浸泡至软，撕掉外层衣膜（里面一层衣膜不能撕掉）和角质内壳（半透明的角质片），将头部与鱼体分开，放入生碱水或熟碱水中，浸泡8～12h即可发透。

2．碱粉发

将鱿鱼（或墨鱼）用冷水浸泡至软，除去头骨等，只留身体部分按烹调要求剞上花刀或片，改成小形，滚匀碱粉，放容器内置阴凉干燥处。一般经8h即可，取出后用开水冲烫至涨发，再漂去碱味即可使用。

注意事项：发好的鱿鱼要平滑柔软，呈白黄色，鲜润透亮，用手捏有弹性，涨发好的鱿鱼如使用不完，用开水加少许碱保养，但使用时必须去净碱味。

（十）干贝

将干贝用冷水中浸泡约20min，洗去表面灰尘，去除筋质，置容器中加清水及姜、葱、黄酒蒸1~2h，至能捏成丝状取出，用原汤浸渍待用。

注意事项：干贝的涨发率要达到250%。

（十一）海蜇皮

将海蜇皮放入盛器内，先用冷水浸发2d，待海蜇皮回软、黑衣皱起时捞出，用手剥或用小刀刮出海蜇皮的黑衣，剥净后放入水盆内，边冲边洗，双手不停地捏擦，直到沙质去净。然后根据菜肴的要求，将海蜇皮切成丝或小片，放在篮内并浸泡在盛器内，可以经常地用手搅拌换水，也可以用水漂洗数遍，以彻底去除海蜇皮的沙质。

注意事项：海蜇要涨发至脆嫩状态即可，海蜇皮的涨发率是300%。

（十二）鹿尾

首先将干料用温水泡软，入冷水锅以小火煮至能煺毛时取出，煺净毛，然后用清水漂净，放在盆内加鸡汤、葱、姜、花椒水、料酒，上屉蒸七八成烂取出，剔去脆骨，再换鸡汤蒸烂，即可备用。

注意事项：涨发要完全、彻底、无明显异味。

复习思考题

1. 干货原料涨发的意义和目的是什么？
2. 干货原料涨发的要求是什么？
3. 干货原料涨发的主要方法有哪些？最基本最常用的方法有哪几种？
4. 简要说明每种涨发方法的基本原理和操作过程。
5. 叙述蹄筋、海参、干鱿鱼、燕窝、鱼翅、鲍鱼涨发过程及注意事项。

训练课题

训练1　油发蹄筋（4课时）

训练2　碱发干鱿鱼（6课时）

训练3　水发海参（6课时）

项目五

配　菜

学习目标

1. 掌握配菜在整个烹调中的重要性
2. 掌握配菜具体要求和原则
3. 掌握一般配菜和筵席配菜的具体方法和技巧
4. 掌握各式菜肴及筵席的命名方法

学习重点

1. 配菜的意义、重要性、具体要求和原则
2. 一般配菜和筵席配菜的具体方法和技巧
3. 各式菜肴及筵席的命名方法

案例导入

客人在某星级酒店预订婚宴，在签订婚宴协议时，客人主动提出婚宴请客主要以老人为主，嗜好荤素搭配，忌讳原料搭配色泽黯淡，分量太多，希望酒店在菜肴搭配时多注意荤素搭配和色彩的协调。结果在结婚当日，酒店上的婚宴菜肴大多以荤腥为主，分量多，菜肴色泽黯淡，很多宾客感觉婚宴菜肴总体质量很差。事后，客人主动找到酒店方负责人，询问相关情况，希望酒店方给予一个合理的答复。酒店负责人立马召开紧急会议，召集厨房相关负责人了解和询问此事。后来酒店厨师长和相关负责人向客人表示道歉，并进行自我批评和反省：菜单在设计的过程中没有遵照客人要求配菜，没有搭配出宾客满意的菜单，菜肴在荤素搭配上也存在问题，色彩搭配也不合理，使整桌菜肴让客人感觉不协调不满意，以后定将继续努力，不断完善提高。也因为此事，酒店方不仅要赔偿给客人损失，而且在声誉方面也受到了影响。

案例思考

不论是筵席还是普通宴会或者零点菜肴，根据其不同的主题，和不同客人的喜好要求，根据不同的原料性质和烹饪特点，从业人员应如何进行菜肴配制？配菜的文化、特性和讲究具体怎么表现，对菜肴的制作有什么影响？

任务1 配菜的意义

任务驱动

1. 配菜的意义
2. 配菜的原则和基本方法
3. 色、香、味、形、质、营养成分的配合原则
4. 菜肴命名的方法
5. 造型菜肴的配制方法与技巧
6. 筵席菜肴的配制方法与技巧

知识链接

配菜也称配膳，配制膳菜就是根据烹调原料的特性、各种烹调方法、不同饮食习性等因素，将刀工处理好的原料或经整理、初加工后的原料加以有机的搭配组合，使之烹制后成为一份完整菜肴。配菜是紧接着刀工的各项程序，是刀工与烹调之间的纽带，也是菜肴的设计过程。因此刀工与配菜亦可统称为切配。配菜可分为热菜的配菜和冷菜的配菜。

热菜的配菜程序：原料初加工→刀工处理→配菜→烹调→上席。

冷菜的配菜程序：原料初加工→烹调→刀工处理→装配→上席。

任务2 配菜原则和基本方法

任务驱动

配菜的原则和基本方法

知识链接

一、配菜的基本原则

配菜是一项重要的工作。因各种原料合理的配合对于确定菜肴的质、量、色、香、味、形、营养及成本核算、菜品研发都有着直接的影响。具体来说，配菜的基本原则如下：

1．配菜确定菜肴的品质与数量

菜肴的品质由原料决定，固然还有刀工、火候、烹调技术、调味等多方面的因素，但配菜是其中一个十分重要的环节。因为原料的选择与确定，各种原料的搭配比例，主辅料的配合比例是否得当，整个菜肴的内容构成是否科学，都与菜肴的质量有密切的关系。

菜肴的量，是指一个菜肴各种原料的数量。这虽然一般有规格可循，但配菜者是否能按规格办事？这是一个问题。倘若投料分量与配合比例不合理，都会影响菜肴的质和量。菜肴数量的搭配，就是菜肴主料、配料搭配的数量。应该注意主料与配料的比例是否恰当，菜肴的数量和器皿的大小、形态是否适合、协调。

2．配菜确定菜肴的色、香、味、形、质

原料的外形决定于刀工，而菜肴整体的外观则由配菜来决定。配菜时，适当地将形状相似的或相异的组合在一起，使之成为错综且调和的形状。各种原料有其固有的色、香、味等性质，将几种不同的原料配合在一起时，可互相弥补色、香、味、形中任一点之不足，各种原料如配合巧妙，则可充分发挥原料的色、香、味、形、质等特色，起到锦上添花的作用。若配合不佳，则不仅不能互相弥补，反而起了互相消杀的作用，而使菜肴整体的色、香、味、形受影响。比如鱼配葱、虾仁配青豆、狮子头配荸荠末等花色菜之造型，等等。相反的例子如过于花俏，大红大绿，甚至有些本味较重的青椒、胡萝卜、香菇等与口味清鲜的菜就不能相配，否则就会喧宾夺主。可见，配菜直接关系到菜肴的色、香、味、形。

组成菜肴的主料、配料的质地有软、脆、韧、嫩之分，所含营养物质也各不相同，因此，配菜时应尽可能地达到既符合烹调要求（菜的特性），又使菜肴的营养成分更全面的目地。

质地搭配为了使每个菜肴的主料、配料的质地符合烹调的基本要求，突出菜肴各自具有的特性，配菜时一般是软配软，如豆腐烧鱼、鲜磨豆腐；脆配脆，如西芹炒虾仁、油爆双脆；韧配韧，如蒜薹炒鱿鱼丝、干煸牛肉丝；嫩配嫩，如掐菜炒里脊丝、菜心炒芙蓉鸡片等。

3. 配菜确定菜肴的成本

配菜时所采用材料的价值、分量的多少、等级的区分、粗细的差别等，将直接影响菜肴的成本。若分量不正确，高级作料与普通作料的配合比率不当，餐馆就要赔本，不仅会影响菜肴品质，也会使消费者蒙受损失，因菜肴成本提高势必转嫁给消费者，而影响经营上合理的收入。因此，配菜是掌握成本，进行经济核算，实行公平合理经营以及成本统计上的一个关键环节。企业规定的菜肴定量完全由配菜厨师来掌握。各种宴会酒席只规定了定额标准，没有菜单和定量，完全靠配菜师傅设计和掌握，这就要求我们配菜师傅首先完全掌握成本核算的相关知识，其次将相关理念和知识运用到实践操作中去，节约用料，以质配料，综合用料，不乱配料，不浪费料，真正将配菜过程中的成本控制到位。

4. 配菜是创新菜肴品种的重要环节

除刀工与烹调法外，能使菜肴富于多变的原因，要归功于各种不同的原料配合。配菜即是创造更多新菜肴的根本。配菜过程中的刀功搭配、色彩搭配、质地搭配、荤素搭配、营养搭配等很多搭配理念都可运用到创新菜肴品种的环节中去。

要富有创新精神和创新理念，配菜师傅不仅要掌握传统菜肴的配制方法和标准，要有专业文化素养和底蕴，而且要不断提高审美能力，根据原料刀工、烹调特点不断创新，设计出更加精美的菜肴来。

5. 配菜确定菜肴的营养价值

一桌筵席菜肴各种营养成分的合理配置，经设计确定以后，就需在每一款菜式中体现出来。配菜要符合每款菜肴的标准设计，主辅料的搭配可以确保平衡膳食的实现。不同原料有不同的营养成分含量，即使同一原料，由于部位的不同，其营养成分的含量也有差异。蔬菜含维生素多，肉类含蛋白质和脂肪多，一个菜肴如果有菜有肉，就必须准确掌握投放比例，使菜肴能有最优的营养素配合与互补，这正是配菜的功夫。

营养搭配配菜要尽量使所烹制的菜肴的营养更丰富、更全面，使食者吸取更多更全面的营养。各种新鲜的肉类配以新鲜细嫩的蔬菜，是非常普遍采用的配菜形式。肉类原料富含蛋白质、脂肪，而蔬菜含有各种维生素。如芹菜炒牛肉丝，牛肉的蛋白质、脂肪是芹菜的十几倍，而芹菜的各种维生素又比牛肉含量多，在营养成分上相互弥补。

二、配菜的基本方法

原料的配合，分为一般菜与花色菜两种。一般菜较为纯朴；花色菜则属于技巧性的，多在色与形上下工夫。以下介绍以一般菜为主的配菜基本方法：

以原料分量来区别时，配菜有单一原料的配合、主辅料兼有的菜肴配合以及多种原料混合不分主次的菜肴配合三大种类。

1．配单一原料的菜肴

菜肴由一种原料构成，无任何配料的称为单一料菜。一般而言，几乎所有的原料都可以单独成菜。因只使用一种原料，无需其他原料的配合，所以做法极其简单。这类菜肴多在菜肴名称之前冠以“清”字，如清炒肉丝、清炒白菜等。

然而，采取单一料时，要突出原料的长处，掩盖短处。因为我们食用单一原料菜肴时，主要以品尝该原料特有的风味为目的，因此对于选择原料、初步加工及刀工等均须特别注意。所用蔬菜必须新鲜、细嫩；肉类原料必须选用其精华部位，才能突出主料或肥美、或鲜香、或细嫩的特点。比如“清炒豆苗”时很多酒店都会将豆苗的老叶或根部取除，用嫩头做菜。“清蒸鲥鱼”因鲥鱼的鳞片脂肪含量颇丰，口感肥美故不去除。熊掌因本身的味道不足，故作为单一料时必须添加若干火腿、鸡肉与之一同蒸煮，然后再除去火腿、鸡肉，以单一料的姿态上桌。

除此之外，有以一种原料为主，但在其表面排列有其他原料，使成美丽菜样者。例如“兰花鸽蛋”，此菜将鸽蛋排列于盘上，再以火腿薄片为花瓣、葱丝为叶、发菜为须，在鸽蛋上排出一式兰花图案。该菜肴虽有火腿、发菜等其他原料的配合，但也仅仅是作为装饰品使用，故此菜肴仍算为单一料的菜肴。

2．配主辅料兼有的菜肴

主料与辅料的配合，是指一种菜肴，除使用主料外，又添上一定数量的辅料。添加辅料的目的，主要是对于主料的色、香、味、形及营养做适当的调整作用。例如“竹笋肉”、“金塔扣肉”等菜富含脂肪，吃起来非常油腻，若添加若干蔬菜，不仅可调和过度的油腻，且可平添色彩的鲜艳。又如“洋葱猪排”除主料猪排外，另添有若干洋葱，可使主料更具香味。肉类含有丰富的蛋白质，脂肪也多。蔬菜却含有多量维生素。两者互相配合，使营养更趋平衡。

配有主料、配料或多种料的菜肴时，必须突出主料，使配料起陪衬、烘托和补充的作用。这类菜肴的主料多用动物性原料。但也有一些菜肴是用动物性原料做配料的，如八宝豆腐、烧瓤豆腐等菜肴的豆腐、青椒是主料，猪肉、鸡肉、虾肉、火腿等馅料为配料。一般说来，主料和配料的搭配比例一般有主料占四分之三，配料占四分之一；主料占三分之二，配料占三分之一；主料、配料各占一半等几种。

由主料与辅料所配合的菜肴，一般而言，主料占品质上重要的地位，而辅料则为衬托、辅助或补充，不得有喧宾夺主的现象。一般主料多采用动物料，辅料则使用植物料。当然也有例外，例如北京菜“八宝豆腐”以豆腐为主料，火腿、鸡肉、虾米和干贝为辅料；扬州菜“大煮干丝”以干丝为主，火腿、虾米为辅；四川菜中“瓢黄瓜”以黄瓜为主，猪肉、鸡蛋为辅料。

3. 配多种原料混合不分主次的菜肴

所谓不分主辅料的多种类原料，系指由两种或两种以上分量略同的材料所构成的菜肴。其中主辅料不必加以区分。倘几种原料的分量与体积或味道的浓淡有显著的差异时，需调整分量，以期平衡。此种菜类，配菜技术较为复杂，对于各种色、香、味、形的配合，应持慎重的态度来处理。例如“油爆双脆”中所使用的鸡或鸭的肫，以及猪肚，均属清脆而富有弹性的原料，因此，在外形可采用蓑衣块的方式，其刳制的深浅、块粒的大小、厚薄等必须划一。又如“糟熘三白”中的鸡、鱼、竹笋等，均应切成片，使色泽洁白，吃起来软嫩可口。

配主料与配料不分或配多种原料的菜肴时，要使各种原料搭配的比例大体一致。如两种主料的菜，每种主料应各占二分之一,三种的应各占三分之一。对各种原料的刀工处理也要力求一致。

无论主副分明或主副不分的菜肴，各种原料，均须分别放入各种器皿中，因为调理有先后之分，若混淆一起，难以分开下锅，可能影响炒煮的时间而损及品质。

任务3 色、香、味、形、质、营养成分的配合原则

任务驱动

色、香、味、形、质、营养成分的配合原则

知识链接

一、色的配合

菜肴颜色的配合，其实是主辅料色泽的配合。一般是通过辅料，衬托或突出主料，其形成的色泽，可以分为顺色、花色和异色。

1. 顺色

即主辅料颜色相同或十分相近。如“炆水晶田鸡”，田鸡肉剁成肉丁为白色，敷盖在上面辅料是虾胶、蛋白、杏仁等经拌匀蒸熟后也是白色，此菜肴色泽洁白。

2. 花色

指辅料是多种与主料不同的颜色。多种不同颜色的辅料与主料的配搭，必须根据菜肴的特点，使配色的结果形象生动，协调和谐，给人以美的感觉。如果只是花花绿绿，凌乱无章，只能给顾客带来厌烦感。如“芙蓉鸡片”的色彩洁白，若添加几分绿蔬，则更可衬出如芙蓉花般的白色色泽。又如“炒虾仁”，虾仁本就白里透红，自然而美丽，若加入一些青豆，更予人清新之感。若加竹笋或茭白，则不能达到色调和谐的效果。

3. 异色

指主辅料色彩相反。异色配合要十分讲究，因其易产生令人厌恶的色彩，尤其是动物原料。例如在白色的田鸡肉上盖黑色香菇，便易引起人们联想起田鸡（水鸡）的状貌而恶心。如“炒虾仁”倘加入木耳则使虾仁的白色与木耳的黑色无法调和，反而破坏了

美感。

各种菜肴的原料各有其色。这些色彩经烹调后将产生不同程度的变化。配菜时须引起重视。配色依实际情形而定，但以色彩调和，具有美感为原则。除注意单个菜肴色调的配合外，亦须注意全桌菜肴色彩的调和。

二、香与味的配合

菜肴的原料大多数有其固有的味道，极少数是没有明显滋味的，如鱼翅、海参、竹荪等。配菜厨师除必须全面了解原料未加热前的味道外，还需了解加热后所产生的香和味，以及由于烹制方法的不同，引起原料香和味的复杂变化。遵循去腥、提鲜、增香、减腻、助美、抑浓的原则，恰当配搭辅料。例如，以蚝（牡蛎）为主料，如采用“煎”的方法制成“蚝烙”，其配料是薯粉、蛋，烹成的菜肴极鲜香可口，乃为潮汕名菜。若用蚝泡汤，就不能以蛋品为配料，因蚝用以泡汤，鲜美味很淡，蛋在汤中对汤汁不能挥发香鲜味。蚝汤的鲜美味，必须借助肉类，如用上汤或二汤，再配些茼蒿或紫菜，或潮汕咸菜，就能有香鲜美味。

大多数原料本身即具有独特的香与味，但烹调的味与香，需经加热与调味后才能真正显出，因此需要了解在烹调完成时会有何等的香与味产生，在配合原料时才能以熟练的方法搭配香与味。香与味的搭配属于复杂的技术，一般而言，动物性原料与植物性原料各具有不同的鲜美味道及挥发性的芳香物质，故在配合原料时，应注意保持及提升这些香味的产生。如洋葱、蒜、芹菜等均含有丰富的芳香物质，适于与动物性的原料配合，使菜肴更香、味更美。此外，芳香浓厚的可与香味较淡的搭配。若香与味的配合不佳，就会影响菜肴的品质。例如“蟹黄狮子头”如添加香菜，将会使此菜黯然失色。香味相似的原料也不适合搭配，例如牛肉与羊肉，青鱼与黄鱼，马铃薯与山芋，丝瓜与黄瓜，青菜与莴苣等。

一般主料香和味比较突出的，配料起辅助与衬托。若主料本身没有什么香鲜味或味较淡的，必须用较浓的辅料弥补，如“焖豆腐盒”，因豆腐本身味淡，需要虾肉、鸡肉、猪肉、香菇及其他多种配料，使制成的菜肴味鲜浓郁。

三、形状的配合

菜肴不讲究外观，胡乱地把烹制的原料堆在盘子里，只能给人以仓促、草率之感，不能令人畅快；具有整齐美好外观的菜肴，却能使顾客心欢意悦。但讲究菜肴外观，必须着重提高菜肴质量，而不是追求形式美，不顾质量。形状的配合，关系菜肴的外观，也影响菜肴的品质。菜肴除保持自然的形状外，还可以运用刀工处理使其更趋方便。加热时间的长短与原料形状的差异有密切关系，形状细小的原料，不适于长时间烹调；形状粗大的原料不适于短时间的烹调。

辅料与主料的形状配合，原则上是辅料适应主料的形状，衬托主料的形状，突出主料。主料若是条形，辅料也必须是条形；主料是粒状，辅料也应是粒状。即所谓“块配块”，“片配片”，“丁配丁”，“丝配丝”，“条配条”。一般来说，辅料应小于主料，不能喧宾夺主。至于主料因改花刀而经加热变形的，辅料不能死板跟着其变形状态切配，而是按上述原则，灵活处理，求其协调匀称。配花色菜时，应仔细留意构图的统一，必须整齐均衡，清洁明晰、美丽逼真，才能吸引人。

四、质的配合

在一份菜肴中，主、辅料在质地上的配合也很重要。除应考虑原料的性质以外，更重要的是要适应烹调方法的要求。

有些菜肴，辅料与主料的质地相同，所谓“脆配脆”、“软配软”。即主料的质地是脆性的，辅料的质地也应当是脆性的；主料的质地是软的，辅料也应当是软的。例如“爆双脆”，所用的原料是鸡肫配以猪肚头（这两种原料都是主料），质地都是脆的；“熘鱼片”的主料是软嫩的，则配以菜心等比较嫩的辅料。在这些菜肴中，如果主料与辅料搭配不当，就会影响菜肴的特色。

有些菜肴，辅料与主料的质地并不要求相同。常见的如“肉丝炒笋丝”，其中肉丝是比较软的，而笋丝就比较脆嫩，但两者搭配在一起，只要火候与调味掌握得当，烹制成的菜肴就很受欢迎。在以炖、焖、烧、扒等长时间加热的烹调方法制作的菜肴中，主、辅料软强相配的情况就更多了，但却可以通过投料先后和火候的适当，而使之达到软硬基本一致。

五、菜肴与器皿的配合

我国有句俗话，称作“美食必有美器”，这说明了器皿和菜肴的关系。当然，在家庭中不可能像大饭店、餐厅那样讲究器皿的配合，但最起码的菜肴与器皿的配合还是要做到的。一是菜量要和盛菜的盘、碗相吻合，即菜量不可过多，亦不可过少，只有相宜才悦目。二是在有条件时，某些菜还要使用特殊器皿，如整鱼则要用鱼盘盛；熘、烩一类菜肴汤汁多，使用深一些的汤盘才相宜。

六、营养成分的配合

菜肴中所含的营养成分的多少，是否有利于消化吸收，也是配菜时要考虑到的。不同的原料所含的营养成分不一样，这就需要在配菜时将不同的原料进行适当配合。作为一个新型厨师，必须掌握各种原料营养成分的知识，以便在实践中掌握和运用，使食者得到较全面的营养，从而提高人们的健康水平。

任务4 菜肴的命名

任务驱动

菜肴命名的方法

知识链接

一、菜肴命名的原则

原料切配以后，给菜肴起什么样的名称，不仅关系到菜肴的营销，也体现厨师对整个菜肴操作过程的理解及厨师的素养。尤其是一些创新菜，有一个好听响亮又切合实际的名称的确能为菜肴增添光彩。菜肴命名的主要原则如下：

① 命名应力求名实相符，能充分体现菜肴的全貌和具体品种特色。

② 命名应力求雅致得体，格调高尚，雅俗共赏，不可牵强附会，滥用词藻。

③ 突出地方特色、乡土人情及其风味。

④ 音韵和谐，文字简短，朴素大方。

二、菜肴命名的方法

中国菜的种类繁多，菜肴名称非常复杂，但从较常见的菜肴名称中，可归纳出以下列几种菜肴命名的方法：

1. 在主料名称前加上烹调方法的名称

例如：大煮干丝、干烧明虾、生煸草头、红烧猪脚、清蒸鲥鱼、粉蒸肉、挂炉烤鸭，这种命名方式，直接明了使人们一看就知道整个菜肴的内容与烹调方法。凡是烹调方法较具特色的菜肴，可用此法。

2. 主配料同时出现在菜名中

例如：虾子蹄膀、洋葱猪排、干贝豆腐，配料还常出现在主料前、突出了配料的重要性。

3. 主料前加调味料的种类或调味法的名称

例如：糖醋排骨、椒盐蹄膀、蚝油牛肉、咖喱鸡、鱼香腰花、豆酱水鸭，这种命名法，可让人一目了然菜肴的调味法与调味料。

4. 按菜肴的形状定名

例如“清芙蓉鸡”（用蛋白做成芙蓉花盖在鸡肉上），“绣球白菜”修饰语说明菜肴形状，还有布袋鸭、葫芦鸭等菜肴都是按菜肴形状定名。

5. 按菜肴颜色定名

例如“白玉干贝”、“清白玉带”（鹅肝制汤）。

6. 在主要原料前表示色、香、味、形的特征

例如：雪花鸡、芙蓉鸡片、香酥鸭、脆鳝、怪味鸭、兰花鸽蛋、蝴蝶海参、咖喱鸡，此命名法适用于色、香、味、形皆具显著特色的菜肴。

7. 烹调方法加上原料色、香、味、形的特征。

例如：油爆双脆（双脆指两种脆物：鸡肫与猪肚）、糟熘三白（三白为：鸡肉、鱼及竹笋）、炒三鲜（三鲜指：鸡肉、鱼、猪肉）、清蒸狮子头等。这种方法可显示原料色、香、味、形的特征，使人借以辨认所使用的原料。

8. 在主材料前加地名或人名

例如：北京烤鸭（北京）、闽生果（福建）、彭城鱼丸（徐州）、西湖醋鱼（杭州）、东坡肉（苏东坡）、宋嫂鱼羹（宋嫂），此种命名法点明菜肴的起源地，适用于家乡风味浓厚的菜肴。

9. 将主副料及调理方法的名称全部排出来

例如：豆豉扣肉、咸鱼蒸肉饼、香肠蒸鸡、芹菜炒牛肉丝、干菜烧肉，此种起名法极为普遍，用于一般菜肴，由名称可以获悉菜肴的全部内容。

10. 用生动形象的比喻或寓意定名

例如“喜鹊育雏”，以虾胶为主料做成大鸟、小鸟，用豆粉丝、发菜、蛋白丝做成鸟巢，摆设造型。又如“游鱼映月”，以虾胶、鲜鱿做成鱼状，用一只蛋黄置于盘中间象征月亮，盘四周围芫荽造型。

11. 特殊盛器加上用料

例如：铁锅蛋、锅仔鲈鱼、砂锅大鱼头铁板牛柳等。这种方法，旨在突出盛器。除了以上几种菜肴的命名法外，还有些带有艺术性的名称，如孔雀开屏、推纱望月、松鼠鳜鱼、小鸟明虾等。这些菜肴的名称常能带给顾客以艺术美感，使饮食充满情趣。

其实，菜肴名称并非一经决定就无法变更，当然，也可以不按前述方法起名，以烹调方式及色、香、味、形各条件的特色为依据，可以创出符合菜肴内容及特色，且富于艺术性的名称。

任务5 造型菜肴的配制方法与技巧

任务驱动

造型菜肴的配制方法与技巧

知识链接

一、花色菜肴的配制要求和方法

1. 花色菜系在色与形上加以特别处理的具有艺术性的菜肴

花色菜在刀工与原料配合上有独到的工夫，没有高超的技术无法做成色、形俱佳，味美而富有营养的菜品。要做好花色菜必须注意：严格选择原料，以方便造型上的处理；菜样的图案、形状、色调宜大方、美丽、和谐，因多使用手工，故须注意清洁卫生。

2. 花色菜的配合，变化多而微妙。以下介绍几项方法：

① 叠：叠是将色、味不同的原料加工成相同的形状，多为片状，然后隔片重叠，间搨糊状料（如虾蓉），重叠为一个整体。例如锅贴鱼：将鱼片、火腿、猪肉、咸菜叶切成同样大小的长方形，各贴在鱼片双面，片间涂以虾蓉而成。

② 卷：卷是将有弹性的原料切成较大的长方片，再将色味不同的料切成细丝或蓉末，分别排在片上，上涂以蛋粉糊（鸡蛋加淀粉的糊），滚卷而成。两端可制成各种美丽的形状。例如“三丝鱼卷”是在较大的长方形鱼片上，搁置火腿、笋、香菇丝（切得长些，让其从鱼片内露出），卷起鱼片涂上蛋糊粉使两端合闭。然后蒸或油炸淋汁而成。

③ 排：排有两种，如“葵花鸭片”，先将鸭肉、蘑菇、竹笋、火腿等不同色彩的4种原料切成厚片，在碗底放一个圆香菇，再将鸭肉、蘑菇、竹笋、火腿片铺于其上，交替排成复瓣葵花状，面上放碎鸭肉，再加调味料，放入蒸笼内蒸熟，覆在盘上扣出，再用

绿叶点缀周围即成。另一种是使用一种主料，而将其他原料添在周围，摆成各种图样，如“兰花鸽蛋”。

④ 扎：扎是将切成条或片的原料，用黄花菜、扁尖丝、海带等扎成一束束的形状。例如“柴把鸭”，是将去骨加热的鸭肉条，添加火腿条、冬菇条、笋条，外面再以干菜丝扎成束，放入蒸笼蒸成汤菜。又如“清汤腰带鸡”，是将去骨的鸡肉、火腿、竹笋、香菇切成片，片间开洞，再以扁尖串成，扎结两端，使其状似腰带，添调味料与清汤在蒸笼蒸煮的一项名菜。

⑤ 瓤：是以一种原料为主，将其他原料填装其中的花色菜。如“瓤青椒”，先去青椒心，里面涂上薄薄一层的干菱粉。再将猪肉、火腿切成蓉状，外加荸荠末及调味料，搅拌均匀后放入青椒内。然后将其放入锅中油煎后加汤烧成。

⑥ 包：包是将鸡、鱼、虾、猪肉等嫩软无骨的原料切成片或蓉，包在网油、蛋饼或荷叶中，加热制成的花色菜。如“鱼皮馄饨”，先去大黄鱼骨，再切成大丁，蘸上菱粉，用擀面棒敲成薄皮，再将已调味的虾仁作馅心，包成馄饨形，氽熟。

⑦ 塑：塑是对菜肴进行形象塑造。如“绣球白菜”，以白菜为主料，烹出的菜肴状貌像个绣球。这是经过了一个复杂的加工程序：将大白菜逐瓣剥开，切去菜心，把剩余的菜切成瓣状插入缝隙，将鸡肉、鸡肫、香菇、火腿等经切细加热入味之后制成的馅料，置于菜中间，再把各瓣菜包起，用芹菜茎扎紧，使之状如圆球。再蘸淀粉后放进油锅略炒，并加各种辅料（㸆）炖佐味，起锅后又加味料。菜肴造型似绣球。配菜须按造型需要进行。

⑧ 穿：穿是将切成丝或条的原料穿进脱离的动物性原料中，使半成品形状整齐，味道鲜香。如“玉簪牛娃”是将牛娃腿的腿骨抽掉，然后把火腿、香菇、笋片切成丝，一起穿入腿肉中，撒薄粉后过油，再加味料勾芡成菜。其形似玉簪，造型整齐美观。

⑨ 串：串是指用硬物将多种原料串连起来，使之成为一种特殊的造型。例如“旗斗鸭”，把鸭起肉，取骨10~12支，把鸭肉切成块状，香菇也切成同样的形状后，用鸭骨串起成串，成为一种造型美观的菜点。

⑩ 酿：酿是把经加工调味制成的泥蓉状辅料，或盖在主料上面，或垫在主料下面，或镶入主料中间，使之造型美观，增添美味。如潮菜的“酿百花鸡”，把由虾胶等原料制成的馅料，盖在鸡肉上面。“酿金钱鳔”则是把虾肉、猪肥膘打成胶状，再加上鱼肉末之后，酿进鱼鳔中。“酿七星鸡”则是在主料鸡肉下面酿上虾胶。

⑪ 贴：贴是将主料与辅料相贴在一起，使造型得体，增加美味。例如“香酥芙蓉鸭”，把粘上香菜叶和火腿片的蛋白泡件，贴于炸成金黄色的鸭块上，使其造型美观。

⑫ 扣：扣是为了菜肴能入味和造型的需要，把主料放在底层然后进行焖、炖，上桌时把菜肴翻扣过来。如“玻璃白菜”，先将过油大白菜放进碗里，加上香菇、肉等配料，经焖煮后翻扣过来，原料加薄粉水勾芡淋上，菜肴色白透亮，状似玻璃，油滑软烂。

⑬ 填：主要是禽类经摘除内脏和脱骨之后，在其腹内填入经加工调味的细料。如“鸽吞燕”、“鸽吞翅”和“荷包鸡”、“荷包鸭”等。配菜必须根据菜肴的各种造型要求，

准确合理配齐各种原料。

二、花色拼盘的要求和方法

花色拼盘在菜肴中享有十分重要的地位，因为它往往出现在高级筵席中，尽管其经济价值远不如燕、翅、鲍，但其艺术价值和观赏价值相当高。另一方面，花色拼盘必须是第一道菜，它具有先声夺人、渲染气氛作用。它往往能给入宴者暗示或预告筵席的档次及宴请的隆重程度。下面就介绍下花色拼盘配菜的要求与方法：

1. 掌握宴席的内容和规格要求

宴席的内容是指设宴的用意，如祝寿、婚庆、招待贵宾、百日宴、乔迁宴、庆功、纪念活动、聚会、欢度节日、开业及其他各种盛典等。规格要求是根据菜肴金额确定档次。

2. 构思设计

在明确筵席的内容和规格之后，就要根据主题构思“拼盘”的主旨，设计逼真的造型图案。花色拼盘的先声夺人首先体现在菜肴造型上。花色拼盘是典型的花式菜，它有广阔的遐想空间和发挥余地，让厨师雕花刻鸟、拼摆造型时游刃有余，比热菜的造型，天地更宽广。设计必须紧靠内容题旨，如婚庆用的拼盘，可围绕龙凤呈祥与花红月圆、相亲相爱等进行设计。属寿宴的可围绕寿比南山、松鹤延年之类进行设计。属全家合宴的可围绕花开富贵、金玉满堂、团团圆圆之类进行设计。属送别的可围绕一帆风顺、鹏程万里、如意吉祥之类进行设计。体现主题的设计，可凭借菜肴，也可借助食雕，若两者能互相配合，色彩比例和谐搭配，更为理想。

3. 严格选料

选料的根据是筵席的档次和图案设计的需要，因此，选料必须有助于表现构思的主旨。但这并不意味为了构图造型，可随便选用任何档次的原料。而是必须在保证“花色拼盘”菜肴质量和筵席档次要求的基础上进行选料：

① 各式原料鲜美质好；

② 色彩配合协调，又能符合构图需要；

③ 刀工精细，服从设计要求。

4. 装盘造型

备好各种原料及点缀食雕之后，便可装盘。首先要选好所用器皿，包括其质地、大小、形状、颜色等，使其能更好地表现主题，显示筵席的档次。装盘是一种艺术，制作者必须具备一定的审美能力。总之，“花色拼盘”必须主题鲜明，色彩绚丽协调，造型美观大方，风格高雅，气派不凡。

任务6 筵席菜肴的配制方法与技巧

任务驱动

筵席菜肴的配制方法与技巧

知识链接

一、筵席配菜的意义

筵席又称酒席，是人们为了一定社交目的而聚餐的一种方式，具有一定规格质量的整套菜点。

从形式上讲，筵席是多人聚餐的一种饮食方式；从内容上讲，筵席是按一定规格和程序组合起来，具有一定质量的整套菜点；从作用上讲，筵席又是交际、庆祝、纪念等社交活动的一种方式。筵席配菜是根据设宴要求选择多种类型的单个菜点适当搭配组合，并成为具有一定质量规格的整套菜点设计、加工的过程。

筵席配菜是确定筵席形式、规格、内容、质量的重要手段，这是一道综合性的工序。

配菜时必须具有全面的烹饪（包括面点）知识，熟悉各种菜点的制作过程，掌握筵席的基本知识和成本核算方法，才能做好筵席配菜工作。

二、筵席配菜的基本要求

1. 必须熟悉筵席的类型、规格和上菜要求

不同类型的筵席，其规格和上菜要求也不相同，目前我国筵席主要有宴会席、便餐馆、酒会席三种。

（1）宴会席　宴会席是我国传统的正宗筵席形式，其特点是气氛隆重，形式高雅，内容丰富。

（2）便餐席　便餐席是宴会席的简化形式，其特点是不拘形式，气氛随便，内容简单灵活，菜肴可根据客户的需要，随意选择几个时令菜肴或具地方特色的菜点。

（3）酒会席　酒会席是由西餐酒会的形式演变而来的筵席形式，具有形式自由、气氛活泼、食用随便等特点。

2. 掌握整套筵席菜点的数量和质量

筵席菜点的数量与质量直接影响筵席的规格和水平，必须很好掌握。

（1）数量　每桌筵席应以平均每人能吃到500g左右的净料为原则。菜肴的个数，应根据筵席的规格和客户的要求而定。一般为12～20个。

（2）质量　在保证菜肴有足够数量的前提下，根据筵席规格的高低，应恰当地选择原料，并在主、辅料搭配的比例上适当调节，因为不同品类的烹饪原料，其本质质量是有极大差别的。

3. 要注意整套菜肴菜点色、香、味、形、质、器、养的配合

4. 能制定筵席菜单和成本核算

5. 美化筵席菜肴，使筵席具有一定的艺术性

三、筵席配菜的方法及实例

筵席配菜一般包括冷菜的配菜、热炒菜的配菜、大菜（包括汤）的配菜、点心的配菜，有的还配置水果和干果。

1. 冷菜的配法

冷菜又称冷盆、冷荤、冷盘，占整套菜点成本的15%～25%，总重量为1000～1500g。

2. 热炒菜的配法

热炒菜的成本占整套菜点的30%～40%，每套筵席菜肴热炒菜一般为4～8个，每个热炒菜净料重量为350～450g。

3. 大菜的配法

大菜又称大件菜，成本占整套菜点成本的35%～45%。每套筵席菜肴的大菜一般为2～5个，每个大菜净料重量为600～1000g，分量较重。

4. 点心的配法

点心也是筵席中不可缺少的内容，成本占整套菜点成本的8%～10%。

5. 水果和干果

有的筵席需配水果，有的还要配干果，应根据筵席的规格和地方习俗而定。

复习思考题

1. 配菜的意义、方法、具体要求和原则是什么？对促进菜肴创新制作有什么作用和影响？
2. 一般配菜和筵席配菜的具体方法和技巧有哪些？其区别在哪里？
3. 各式菜肴及筵席的命名方法有哪些？
4. 试述怎样配菜有利于提高菜肴的营养价值。

训练课题

训练　根据标准为1200元的婚宴价位，成本控制在600元以内，毛利约为50%，来配置一桌筵席菜肴，包括菜肴名称、主辅料搭配、成本控制。

参考文献

1. 朱能军. 烹饪原料加工技术. 北京：中国劳动社会保障出版社，2001.
2. 唐福志. 烹饪原料加工工艺. 北京：中国轻工业出版社，2006.
3. 季鸿崑. 烹调工艺学. 北京：高等教育出版社，2003.
4. 周晓燕. 烹调工艺学. 北京：中国轻工业出版社，2000.
5. 贾晋. 烹饪原料加工技术. 北京：中国劳动和社会保障出版社，2007.
6. 杨国堂. 中国烹调工艺学. 上海：上海交通大学出版社，2008.